资助基金项目：青海省"135"人才工程项目；国家自然科学基金项目（51468055）；青海省建筑节能材料与工程安全重点实验室。

盐渍土及青海盐渍土研究

张　文　高伟斌　范延彬　著

中国原子能出版社

China Atomic Energy Press

图书在版编目（CIP）数据

　　盐渍土及青海盐渍土研究/张文，高伟斌，范延彬
著．—— 北京：中国原子能出版社，2021.5
　　ISBN 978-7-5221-1353-1

　　Ⅰ.①盐… Ⅱ.①张… ②高… ③范… Ⅲ.①盐渍土－
研究－青海 Ⅳ.① S155.2

　　中国版本图书馆 CIP 数据核字 (2021) 第 076401 号

内容简介

　　盐渍土在我国分布广泛，青海是我国第三大盐渍土分布地区。盐渍土是盐土和碱土以及各种盐化、碱化土壤的总称，在工程中一般指地表下 1.0m 深的土层内易溶盐平均含量大于 0.3% 的土。盐渍土成因类型主要有现代盐渍土、残余盐渍土和潜在盐渍土。影响盐渍土形成的因素也多种多样，包括气候因素、地形及地貌因素、岩土母质、水文及水文地质条件、生物积盐作用、人为经济活动的影响等。本书先对盐渍土的概念、分类、国内外研究现状及其对工程的危害等进行基本概述，接着分析盐渍土的成因和分布规律，最后着重研究青海盐渍土对本地区工程的危害，以及工程中如何抗碳化和提升混泥土的耐久性。

盐渍土及青海盐渍土研究

出版发行	中国原子能出版社（北京市海淀区阜成路 43 号　　100048）
策划编辑	高树超
责任编辑	高树超
装帧设计	河北优盛文化传播有限公司
责任校对	冯莲凤
责任印制	潘玉玲
印　　刷	三河市华晨印务有限公司
开　　本	710 mm×1000 mm　1/16
印　　张	13
字　　数	234 千字
版　　次	2021 年 5 月第 1 版　　2021 年 5 月第 1 次印刷
书　　号	ISBN 978-7-5221-1353-1
定　　价	45.00 元

前　言

盐渍土在我国分布广泛，青海是我国第三大盐渍土分布地区。盐渍土是盐土和碱土以及各种盐化、碱化土壤的总称，在工程中一般指地表下 1.0 m 深的土层内易溶盐平均含量大于 0.3% 的土。影响盐渍土形成的因素多种多样，包括气候因素、地形及地貌因素、岩土母质、水文及水文地质条件、生物积盐作用、人为经济活动的影响等。

本书共分为 7 章。第 1 章介绍了盐渍土的特点与性状，盐渍土的分类与片区划分，盐渍土的改良和利用，盐渍土对工程的危害及国内相关研究现状；第 2 章介绍了盐渍土的形成原因；第 3 章讲述了盐渍土的分布规律，包括由母质决定的分布规律，由盐的性质决定的分布规律，由洪水、河流和地下径流主导的分布规律，由气候因素主导的分布规律以及次生盐渍土的分布规律；第 4 章讲述了盐渍土水盐运动，包括水盐运动的主要影响因素，不同气候条件下的水盐运动规律，土壤冻融过程中的水盐动态，主要灌排措施和农业生物措施对土壤水盐动态的影响；第 5 章讲述了青海盐渍土及其对工程的影响，包括青海盐渍土地区环境条件，青海盐渍土工程特性研究，青海盐渍土本构模型研究和青海盐渍土工程特性综合分类研究；第 6 章讲述了青海盐渍土地区半埋混凝土对土建工程的影响，包括青海盐渍土地区半埋混凝土腐蚀情况，青海盐渍土地区半埋混凝土防腐蚀措施，青海盐渍土地区半埋混凝土工程的寿命预测；第 7 章对盐渍土研究进行了思考和展望。本书可以作为岩土工程、道路桥梁工程、农业地质等相关专业的教学参考书。

本书的出版得到了青海省"135 高层次人才工程"基金、国家自然科学基金（51468055）和青海省建筑节能材料与工程安全重点实验室三方联合资助，再次表示感谢。

由于笔者的水平有限，书中难免存在不足之处，诚恳希望专家和读者批评指正。

青海大学土木工程学院　张　文
中国电力建设集团青海省电力设计院　高伟斌
中国电力建设集团青海省电力设计院　范延彬

目 录

第 1 章　概述　/　001

　　1.1　盐渍土的特点与性状　/　001

　　1.2　盐渍土的分类与片区划分　/　007

　　1.3　盐渍土的改良和利用　/　012

　　1.4　盐渍土对工程的危害　/　015

　　1.5　国内相关研究现状　/　026

第 2 章　盐渍土的形成原因分析　/　037

　　2.1　成因分析的意义　/　037

　　2.2　盐渍土的成因　/　038

第 3 章　盐渍土的分布规律研究　/　042

　　3.1　由母质决定的分布规律　/　042

　　3.2　由盐的性质决定的分布规律　/　044

　　3.3　由洪水、河流和地下径流主导的分布规律　/　044

　　3.4　由气候因素主导的分布规律　/　045

　　3.5　次生盐渍土的分布规律　/　045

第 4 章　土壤水盐运动　/　048

　　4.1　水盐运动的主要影响因素　/　048

　　4.2　不同气候条件下的水盐运动规律　/　053

　　4.3　土壤冻融过程中的水盐动态　/　054

　　4.4　主要灌排措施和农业生物措施对土壤水盐动态的影响　/　059

第 5 章　青海盐渍土及其对工程的影响研究　/　065

　　5.1　青海盐渍土地区环境条件　/　065

　　5.2　青海盐渍土工程特性研究　/　071

5.3 青海盐渍土本构模型研究 / 079

5.4 青海盐渍土工程特性综合分类研究 / 108

第6章 青海盐渍土地区半埋混凝土对土建工程的影响 / 115

6.1 青海盐渍地区半埋混凝土腐蚀情况 / 115

6.2 青海盐渍土地区半埋混凝土防腐蚀措施 / 124

6.3 青海盐渍土地区半埋混凝土工程的寿命预测 / 127

6.4 基于快速试验的盐渍土地区半埋混凝土寿命预测 / 138

第7章 总结 / 143

附录1 三轴试验原始数据 / 145

附录2 MATLAB 盐渍土的模糊聚类法程序 / 187

参考文献 / 195

第1章 概述

1.1 盐渍土的特点与性状

1.1.1 盐渍土的概念与形成过程

盐渍土是指含盐量超过一定数量的土，广义理解为包括盐土和碱土在内的以及不同盐化、碱化土的统称，五大洲均有盐渍土发育分布。盐渍土的定义以土中盐分含量为依据，土的含盐量通常是指土体中易溶盐重量与干土重量之比，用百分数表示。关于盐渍土的定义，我国农业、水利、公路、铁路、工民建等部门根据各自关注重点不同略有差异，但总体原则基本一致，即将含盐量大于某一特定值并对实践活动产生影响的土定义为盐渍土。《工程地质手册（第三版）》定义：盐渍土系指含有较多易溶盐类的岩土，易溶盐含量大于0.5%，具有吸湿、松胀等特性的土称为盐渍土。旧版本《岩土工程勘察规范》（GB 50021—94）中对盐渍土的判断标准为岩土中含有石膏、芒硝和岩盐（硫酸盐及氯化物）等易溶盐，其含量大于0.5%，在自然环境下具有溶陷、盐胀等特性。旧版本《铁路工程地质勘察规范》（TB 10012—2001）中规定地表1.0 m深度内易溶盐含量大于0.5%的土称为盐渍土。以上关于盐渍土的定义均沿用苏联的标准，含盐量大于0.5%判定为盐渍土。然而，苏联建设部门的有关规定对不同土类分别定出了不同含盐量界限，其中最小的易溶盐含量为0.3%。中国最新版《岩土工程勘察规范》（GB 50021—2001）规定，土中易溶盐含量大于0.3%并具有溶陷、盐胀、腐蚀等工程特性时应判定为盐渍土。另外，《盐渍土地区建筑规范》（SY/T 0317—2012）、《公路路基设计规范》（JTG D30—2015）等新规范都将盐渍土含盐量的界限值定为0.3%。有关资料表明，易溶盐含量小于0.5%的盐渍土仍具有较大的溶陷性，所以新规范规定易溶盐含量大于0.3%的土称为盐渍土是符合实际情况的，也说明对盐渍土研究的严格性和重要性。

盐渍土的形成是一个漫长而复杂的过程，需要先具备适宜的成土条件。一是气候。除海滨地区以外，盐渍土分布区多为干旱或半干旱气候，降水量小，蒸发量大，年降水量不足以淋洗掉土壤表层累积的盐分。在中国，受季风气候影响，盐渍土的盐分状况具有季节性变化，夏季降雨集中，土壤产生季节性脱盐，而在春、秋干旱季节，蒸发量大于降水量，又会引起土壤积盐。各地土壤脱盐和积盐的程度随气候干燥度的不同有很大差异。此外，在东北和西北的严寒冬季，冰冻会在土壤中产生温度与水分的梯度差，这也可引起土壤心土积盐。二是地形。盐渍土所处地形多为低平地、内陆盆地、局部洼地以及沿海低地，这是由于盐分随地面、地下径流而由高处向低处汇集，使洼地成为水盐汇集中心①。但从小地形看，积盐中心则是在积水区的边缘或局部高处，这是由于高处蒸发较快，盐分随毛管水由低处往高处迁移，使高处积盐较重。此外，由于各种盐分的溶解度不同，不同地形区表现出了土壤盐分组成的地球化学分异，即从山麓平原、冲积平原到滨海平原，土壤和地下水的盐分一般是由重碳酸盐、硫酸盐逐渐过渡到氯化物。三是水文地质。水文地质条件也是影响土壤盐渍化的重要因素。地下水埋深越浅和矿化度越高，土壤积盐越强。在一年中蒸发最强烈的季节，不致引起土壤表层积盐的最浅地下水埋藏深度称为地下水临界深度。临界深度不是常数，一般说，气候越干旱，蒸降比越大，地下水矿化度越高，临界深度越大。此外，土壤质地、结构以及人为措施对临界深度也有影响。土壤开始发生盐渍时地下水的含盐量称为临界矿化度，其大小取决于地下水中盐类的成分。以氯化物—硫酸盐为主的水质，临界矿化度为 2 ～ 3 g/L；以苏打为主的水质，临界矿化度为 0.7 ～ 1.0 g/L。四是母质。所谓母质，指的是由于风化作用使岩石破碎，理化性质改变，形成结构疏松的风化壳的上部，其代表土壤的初始状态。在气候与生物的作用下，经过上千年的时间，才能够转变成为各种不同类型的土壤。盐渍土的成土母质一般是近代或古代的沉积物。在不含盐母质上，只有具备一定的气候、地形和水文地质条件才能发育盐土；对于含盐母质（如含盐沉积岩的风化物和滨海地区含盐的沉积物），盐渍土的发育则不一定要同时具备上述三个条件。母质或母土的质地和结构也直接影响着土壤的盐渍化程度。黏质土的毛管孔隙过于细小，毛管水上升高度受到抑制；砂质土的毛管孔隙直径较大，地下水借毛管引力上升的速度快但高度较小。这两种质地均不易积盐。粉砂质土毛管孔径适中，地下水的上升速度快、上升高度高，易于积盐，但当有夹黏层存在时，情况有所不同。好的土壤结

---

① 程心俊，张累德，樊自立. 塔里木盆地北部平原地区盐渍土的形成条件和类型特征[J]. 干旱区研究，1984（1）：36-42.

构（如团粒至棱块状结构）不仅有大量毛管孔隙，还有许多非毛管孔隙和大裂隙，既易渗水，又有阻碍毛管水上升的作用，土壤盐化较轻。五是植被。常见的盐土植物有海莲子、砂藜、猪毛菜、白滨藜等，常见的碱土植物有茵蒿、剪刀股等。干旱地区的深根性植物或盐生植物能从土层深处及地下水中吸收水分和盐分，将盐分累积于植物体中，植物死亡后，有机残体分解，盐分便回归土壤，逐渐积累于地表，因而具有一定的积盐作用。还有不少生物能在其体内合成生物碱，有的还能将盐分分泌出体外，如生长在荒漠地区的胡杨、生长在龟裂土表的蓝藻等。

在具备盐渍土成土条件之后，接下来才是盐渍土的成土过程。具体而言，盐渍土中的盐分积累是地壳表层发生的地球化学过程的结果，其盐分来源于矿物风化、降雨、盐岩、灌溉水、地下水以及人为活动，盐类成分主要有钠、钙、镁的碳酸盐、硫酸盐和氯化物。土壤盐渍化过程可分为盐化和碱化两种过程。

首先是盐化过程。盐化过程是指地表水、地下水以及母质中含有的盐分在强烈的蒸发作用下，通过土体毛管水的垂直和水平移动逐渐向地表积聚的过程。中国盐渍土的积盐过程可细分为地下水影响下的盐分积累作用、海水浸渍影响下的盐分积累作用、地下水和地表水渍涝共同影响下的盐分积累作用、含盐地表径流影响下的盐分积累作用（洪积盐）、残余积盐作用以及碱化—盐化作用六个步骤。由于积盐作用和附加过程的不同，分别形成了相应的盐土亚类。盐化过程由季节性的积盐与脱盐两个方向相反的过程构成，但水盐运动的总趋势是向着土壤上层，即一年中以水分向上蒸发、可溶盐向表土层聚集占优势。水盐运动过程中，各种盐类依其溶解度的不同，在土体中的淀积具有一定的时间顺序，使盐分在剖面中具有垂直分异。在地下水借毛管作用向地表运动的过程中，随着水分的蒸发，土壤溶液的盐分总浓度增加，溶解度最小的硅酸的化合物先达到饱和，沉淀在紧接地下水的底土中，随后溶液为重碳酸盐饱和，开始形成碳酸钙沉淀，之后是石膏发生沉淀，所以在剖面中常在碳酸钙淀积层之上有石膏层[①]。易溶性盐类（包括氯化物、硫酸钠、硫酸镁）由于溶解度高，较难达到饱和，一直移动到表土，在水分大量蒸发后才沉淀下来，形成第三个盐分聚积层。因此，表层通常为混合积盐层。在地下水位高（1 m左右）的情况下，石膏也可能与其他可溶盐一起累积在地表。当然，自然条件的复杂性也会造成盐分在土壤剖面分布的复杂性。例如，雨季或灌溉造成的淋溶使可溶盐中溶解度最高的氯化物先遭到淋溶，使土壤表层相对富集溶解度较小的硫酸盐类。又如，在苏打累积区，因为碳酸钠的溶解度受温

① 程心俊，张累德，樊自立．塔里木盆地北部平原地区盐渍土的形成条件和类型特征 [J]．干旱区研究，1984（1）：36-42.

度影响较大，在春季地温上升时期，碳酸钠随其他可溶盐类一起上升到地表；到秋冬温度下降，苏打的溶解度减小，大部分仍保留在土壤表层而不被淋洗，所以一般情况下，苏打都累积于土壤的表层。总之，在底土易累积、溶解度最小的盐类包括 SiO_2、$CaCO_3$、$CaSO_4$ 和 Na_2SO_4 等。其他的盐类由于具有较高的溶解度，且溶解度随温度而变，因此具有明显的季节性累积特点，一般累积于土壤的表层。

其次是碱化过程。碱化过程是指交换性钠不断进入土壤吸收性复合体的过程，又称为钠质化过程。碱土的形成必须具备两个条件：一是有显著数量的钠离子进入土壤胶体；二是土壤胶体上交换性钠的水解。阳离子交换作用在碱化过程中起重要作用，特别是 Na-Ca 离子交换是碱化过程的核心。碱化过程通常通过苏打（Na_2CO_3）积盐、积盐与脱盐频繁交替以及盐土脱盐等途径进行。当土壤溶液含有大量苏打时，交换性钠进入土壤胶体的能力最强，其反应式为

$$（胶体）Ca+（胶体）Mg+2Na_2CO_3 \rightarrow （胶体）Na+CaCO_3+MgCO_3 \tag{1.1}$$

在此反应式中，$CaCO_3$ 和 $MgCO_3$ 不易溶于水（特别当有苏打存在时），因此钠几乎完全置换了交换性钙与交换性镁。土壤溶液中苏打的形成有以下途径：

第一种是岩石的风化作用，岩石风化产物使土壤和地下水中含有 Na_2CO_3 和 $NaHCO_3$。

第二种是物理化学作用，又称为碱交换作用。

第三种是中性钠盐与 $CaCO_3$ 的作用，具体反应式为

$$CaCO_3+2NaCl_2 \rightarrow CaCl_2+Na_2CO_3 \tag{1.2}$$

或者

$$CaCO_3+Na_2SO_4 \rightarrow CaSO_4+Na_2CO_3 \tag{1.3}$$

第四种是生物化学的还原作用，具体反应式为：

$$Na_2S+CO_2+H_2O \rightarrow Na_2CO_3+H_2S \tag{1.4}$$

第五种是植物体的腐解作用。草原地区植物体内吸收了不少钠离子，当植物腐烂后，就转变为碳酸钠，逐渐累积在地表。当土壤中积盐和脱盐过程频繁交替发生时，钠离子进入土壤胶体取代钙与镁的过程就会加快，使土壤发生碱化。此反应是可逆的，钠在胶体上仅能交换一部分钙与镁。当土壤溶液中钠的浓度与钙、镁总量之比等于或大于 4 时，钠便能被土壤胶体吸收。季节性干湿交替乃至每次晴雨变化，盐分在土体中都有上下移动，钠盐溶解度大而趋于表聚，钙、镁则向下层淋淀，致使土壤表层中钠盐逐渐占绝对优势，钠离子进入交换点，碱化过程得以进行。碱土的形成往往与脱盐过程相伴发生。在土壤胶体表面含有显著数量的交换性钠但土中仍含有较多可溶盐（以 Na_2SO_4、NaCl 为主，而非 $NaCO_3$ 或 $NaHCO_3$）的情况下，因土壤溶液浓度较大，阻止了交换性钠的水解，土壤的 pH

并不升高，物理性质也不恶化。只有当该盐土脱盐到一定程度，一部分交换性钠水解，产生的 OH^- 使 pH 升高，反应式为（胶体）$Na+H_2O \rightarrow$（胶体）$H+(Na^+)+(OH^-)$ 时，黏粒上交换性钠的水化程度增加，黏粒分散，土壤物理性质才逐渐劣化。

1.1.2　盐渍土的特点

盐渍土地基通常在岩土工程中归为特殊地基。盐渍土之所以要作为一种特殊土来对待，是因为它具有如下特点：

（1）盐渍土的三相组成与一般土不同，其中液相中含有盐溶液，固相中又含有盐结晶，尤其是易溶的结晶盐。它们的相变对土的大部分物理指标均有影响，因而测定非盐渍土物理性质指标的常规土工试验方法对盐渍土不完全适用，对土的颗粒分析、液塑限试验结果以及重度、含水量等给出的不正确的评价会导致对土的名称和状态的错误判断。

（2）盐渍土中的盐遇水溶解后，土的物理力学性质指标均会发生变化，其强度指标将明显下降，所以盐渍土地基不能像一般土那样只考虑天然条件下的原始物理力学性质指标。

（3）盐渍土地基浸水后，因盐溶解而产生地基溶陷。地基溶陷量的大小主要取决于易溶盐的性质、含量及其分布形态，取决于盐渍土的类别、原始结构状态和土层厚度，取决于浸水量、浸水时间和方式，取决于渗透方式和土的渗透性等。

（4）某些盐渍土（如含硫酸钠的土）的地基在温度或湿度变化时，会产生体积膨胀，对路面和地面设施造成极大的破坏。这种由于盐胀引起的地基变形的大小取决于土中盐含量的多少以及温度和湿度的变化。

（5）盐渍土中的盐溶液会导致路面及地下设施的材料腐蚀。腐蚀程度取决于材料的性质和状态以及盐溶液的浓度等。除了以上性质，盐渍土还具有其他特点。例如，在盐渍土地区除低洼处水位较低的地方生长盐篙、芦苇外，一般地表没有植物生长或仅有衰退的植物残体存在；又如，盐渍土一般具有较强的吸湿性，因为土中存在吸附性阳离子，所以遇水后能吸附比较多的水分，使盐渍土变软，反之则干缩严重，造成地面龟裂。另外，干旱地区的盐渍土由于特殊的地理条件和成因，其结构常呈架空的点接触或胶结接触的形式，这就使盐渍土具有不稳定的结构性。

1.1.3　盐渍土的性状

1. 盐化土壤、盐土的基本性状

（1）盐土中仅含有可溶性盐，而且一般含有大量的石灰质（$CaCO_3$），特别是

干旱荒漠地区的盐土中，可达 20% ～ 30% 或更高。在硫酸盐含量高的土壤中还含有石膏（$CaSO_4$），其含量达 10% 左右。这对防止土壤碱化以及改良碱化盐土都是有利的。

（2）盐土一般呈微碱性反应，pH 为 7.5 ～ 8.5，一般不超过 8.5。因盐土中的盐类大都是中性盐类，且往往含有大量石灰质，其饱和溶液不超过 8.5。

（3）盐土中一般有机质含量不高，约 1%，只有沼泽地可达 2% ～ 4%。

（4）盐土的母质大都为河流沉积物、洪积冲积物或湖积物，土层极厚，质地粗细不等，视当地沉积条件及河流夹带物而定。有的上下均一，有的砂黏相间。

（5）除洪积盐土和残余盐土外，其他盐土的地下水位高，土壤常有返潮和夜潮现象，土壤比较冷浆，开垦种植作物时，不发小苗。在新土或低层土中有潜育化现象，出现锈斑、锈纹或铁锰结核，严重时还会出现青灰层。

2. 碱化土壤及碱土的一般性状

（1）由于 Na_2CO_3 水解产生 NaOH，因此土壤呈强碱性，pH 在 8.5 以上，往往达到 9 ～ 10。

（2）土壤胶体吸附有一定数量的钠离子。当交换性钠离子占交换性阳离子总量 5% 以上时即出现碱化的特征。碱土的碱化度指标为 20% 以上，最高可达 90%。

（3）土壤胶体因吸附大量钠离子而被分散，导致黏粒及 $CaCO_3$ 随水下移沉积，出现紧实致密层，又因干缩湿胀而产生裂缝，形成柱状结构的碱化层。另外，土壤中的腐殖质溶解，随水下淋，使上层土壤形成一定厚度的暗灰色至灰棕色层次。

（4）在碱性条件下，黏土矿物发生分解，产生 SiO_2 并以白色粉末状分散在土壤表层，含铁和铝的氯化物则向心土淀积。

（5）在淋溶作用下，碱土中易溶性盐下移明显，表层易溶性盐含量不高，总盐量仅 0.1% ～ 0.4%，但以 Na_2CO_3、NaOH 占绝对优势。下面有碳酸钙淀积层，再向下常常有盐分积聚层，含盐量可达 1% 左右。这种分布是盐土和碱土的重要区别。

1.2 盐渍土的分类与片区划分

1.2.1 盐渍土的分类

世界各国盐渍土形成的自然条件、成土过程及主要类型和特性各不相同,对盐渍土研究的详细情况和分类依据不尽一致,采用的分类系统也不完全统一。从主要国家常用的盐渍土分类系统来看,虽然名称不一,但将盐渍土划分为盐土和碱土两个土类基本是一致的[①]。其中,碱土又分成无结构 B 层和有结构 B 层碱土。联合国粮食及农业组织编制的世界土壤图(欧洲土壤图部分)和欧洲盐渍土图基本采用这个分类单元。美国土壤系统分类中将盐土(盐化土)和碱土(碱化土)分别列入不同土纲、亚纲,但这种分类方法眉目不清。加拿大、罗马尼亚、法国和中国等国家的分类都设立了盐渍土纲(盐成土纲、钠质土纲),土纲下续分成盐渍盐成土(无变质退化结构钠质土)和碱化盐成土(有变质退化结构钠质土)两个亚纲。盐土和碱土土类分属两个亚纲,形成了盐渍土分类的基本格局。

1. 盐土和碱土的分类原则和依据

盐渍土的分类原则和依据是,既要考虑与全国土壤分类原则相一致,还应将成土条件、形成过程和土壤属性(盐渍特性)进行统一考虑,并始终体现在分类系统的各层次中。各级分类单元的划分原则和依据如下。

(1)土类是土壤分类的基本单元

根据主要成土过程、盐碱运动状况、地球化学特征的土壤性态差异以及对植物的影响和改良利用途径的不同来划分。

(2)亚类是土类的续分单元

划分依据除主要成土过程,还要考虑附加成土过程的作用、盐碱的起源和水盐运动状况,以及改良利用方式等因素。

(3)土属是土类(亚类)和土种之间的过渡分类单元

在同一亚类范围内,主要根据盐分组成和碱化属性差异而引起的土壤理化性状来划分。

---

① 田涛,刘云翔,刘朝军,等.盐渍土自动分类方法研究[J].青岛理工大学学报,2011,32(2): 33-39.

（4）土种是分类的基层单元

根据土壤发育程度（如积盐层和碱化层厚度、积盐量和碱化程度等）、剖面性态和肥力状况以及某些地方性因素（如所处地形部位等）和改良利用措施来划分。

（5）变种是土种的续分最低单元

主要按土壤质地剖面状况来划分。

为使分类逐步达到定量化、标准化、系统化，各级分类单元应尽量确定统一的诊断指标。确定诊断指标应考虑的因素和原则如下：①各生物气候带、土壤积盐过程和碱化过程的强度和特点（积盐层厚度、含盐量、碱化层出现部位、碱化度等）；②盐分来源和化学组成类型及其对土壤性质的影响；③各种盐类对植物的毒害作用；④改良利用措施和改良难易情况等。

2. 盐土及其亚类

盐土在地表和接近地表的土层中含有大量可溶性盐类，并具有明显的积盐层，因此积盐层可作为盐土的诊断特征层。关于盐土的诊断层特征，有三个因素要考虑，即积盐层的含盐量、积盐层出现的部位和厚度、确定含盐量指标的采样时间和计算方法。根据国内外大量研究资料，当土壤表层含盐量达到 0.6%（0.5%）～2% 时，即属盐土范畴。氯化物盐土含盐下限一般为 0.6% 左右。氯化物—硫酸盐和硫酸盐—氯化物盐土积盐下限为 1% 左右。含有较多石膏的硫酸盐盐土的积盐下限为 2% 左右。在 100 g 土壤的可溶盐组成中，含苏打 0.5 mg 当量以上者即属苏打盐土范畴，其土壤含盐量约 0.5%～0.6%。盐土中积盐层的出现部位、厚度和积盐强度等随不同生物气候带而异。在干旱地区，积盐层厚度由地表向下可达数十厘米，积盐量可高达 30%～50%，自然情况下的季节性变化较小；在半干旱和半湿润地区，积盐层一般出现在表层或地表 1～2 cm，积盐量在 1%～5% 左右，季节性变化较明显。为使含盐量指标的确定具有一定的代表性和相对统一，应以旱季（3—5 月）或未灌溉前土壤积盐层的含盐量为准。

从全国来看，含盐量达上述含盐指标者，即可划分为盐土。这样划分盐土的理由如下：①盐分对植物的危害主要是在种子发芽期和幼苗期，在此发育阶段根系活动主要在土壤表层和亚表层。②盐土中盐分分布剖面一般是上大下小，表层 5～10 cm 以上含盐量往往与其以下土层含盐量相差悬殊。如果在 20～30 cm 以上出现积盐层，一般会对植物正常生长发育发生影响。③从盐分动态来看，由于水分状况变化而引起盐分变化的范围以 0～20（30）cm 内最明显。因此，如果采用大于 30 cm 土层平均含盐量作为划分盐土的依据，就不能完全反映盐土的性状及其对植物的影响。根据全国土壤分类和各地有关盐渍土的研究资料以及上述分类原则，盐土亚类在过去划分为滨海盐土、草甸盐土、沼泽盐土、碱化盐土、洪积盐土、残余盐土六个亚类的基础上，又分出典型（普通）盐土和潮盐土两个亚类。典型（普通）盐土可作为内陆盐土的典型亚类；潮盐土则主要是在地下水作用下附加人为耕作成土过程而形成的。

3. 碱土及其亚类

碱土土壤胶体中含有较多的交换性钠，具有明显的碱化层，呈强碱性。其表层含盐量一般不超过 0.5%。在碱化层土壤溶液中，普遍含有一定量的苏打，土壤胶体呈高度分散状态，湿时膨胀泥泞，干时收缩板结坚实，常形成棱柱状或柱状构造，有的在地表形成结皮或结壳，使土壤物理性状恶化，通透性和耕性变差，对一般植物生长发育极为不利[a]。国际上习惯用电导率、碱化度（交换性钠占阳离子交换总量百分数）和 pH 作为划分碱土的指标。我国一直将碱化度大于 20% 划为碱土。根据近年来国内外对碱化的研究，碱土的碱化度多在 30% 以上。印度把碱土的碱化度指标定为 30%，而且当前国际上都有把碱土的碱化指标提高的趋势。因此，笔者建议碱土划分的指标可暂定为碱化层的碱化度大于 30%，pH 大于 9，表层土壤含盐量不超过 0.5%。碱化土壤的划分标准是一个复杂的问题，目前仅用碱化度指标显然是不够的。土壤碱化度是一个相对数值。当土壤质地粗、有机质含量低时，土壤交换量也低，即使土壤交换性钠离子含量不高，碱化度值也可以很高。比如，将碱化度 20% 为标准划入碱土范畴，就有"扩大化"之弊端。另外，从土壤碱化度与土壤肥力和作物耐碱关系来看，当总碱度达 0.1%、pH 为 9.5、碱化度大于 30% 时，几乎所有的农作物都会减产 50% 以上甚至死亡，其相对肥力（生产力）仅为 20% ~ 30%。按前述分类原则，碱土类可分为草甸碱土、草原碱土、龟裂碱土、镁质碱土四个亚类和相应的土属。

1.2.2 盐渍土的片区划分

根据盐渍土区域划分方式的不同，可以对盐渍土进行两种形式的划分。

1. 根据土地类型划分的盐渍土片区

根据土地类型划分盐渍土片区，具体包括滨海盐渍区、平原盐渍区和荒漠盐渍区[②]。

---

a 景宇鹏，连海飞，李跃进，等.河套盐碱地不同利用方式土壤盐碱化特征差异分析 [J]. 水土保持学报，2020，34（4）：354-363.

② 温利强.我国盐渍土的成因及分布特征 [D].合肥：合肥工业大学，2010.

（1）滨海盐渍区

我国滨海盐渍区总面积近 1 亿亩，主要分布在河北、山东、江苏、浙江、福建沿海一带。土壤盐渍化的原因主要是受到海潮的浸渍，地下水高度矿化，水经毛细管上升蒸发而使盐分在土壤表层大量聚积。其特点是呈带状分布，地形多属平坦，坡度很小，地下水位较高，约 1.5 m 左右，土壤主要受草甸过程和沼泽过程的影响，故多属草甸盐土和沼泽盐土，也有盐化草甸土。地下水矿化度较高，含盐量一般为 73.0 g/L，有的高达 80 g/L，盐分组成以氯化钠为主，氯离子约占全部阴离子的 60% ～ 80%，应属氯化物盐土区。碳酸钙含量约为 10%，pH 在 8.5 左右，在撂荒地带剖面上下层盐分含量较为一致，多超过 0.3%。土壤一经海水浸渍，则需 10 年左右时间的淋洗才能脱盐。距海愈近，盐分含量愈高。

（2）平原盐渍区

我国平原盐渍区的总面积较广，约 100 000 km²，多分布在华北平原、东北平原、宁夏、内蒙古、河套地区及黄土高原的低平谷地洼地中。本区的主要特点是地势平坦，排水不畅，气候干燥，如华北平原蒸发量大于降雨量 2 ～ 3 倍，内蒙古蒸发量大于降雨量 5 ～ 7 倍，随着强烈的蒸发，盐分上升到地表，使土壤发生盐渍化。另外，有些灌区缺少完整的灌排系统，采用不合理的灌溉制度，引起了土壤的次生盐渍化。本区土壤一般都含有碳酸钙，pH 约为 8.5。从盐分的含量来说，河套地区盐渍较重，华北平原盐渍较轻，未经灌溉的土地盐渍较轻，没有排水设备的灌溉土地盐渍较重。盐分组成中以硫酸盐和氯化物为主，钠亦很高，Cl^-/SO_4^{2-} 的比率约为 0.5 ～ 1.5，Na^+ 占全部阳离子的 80% 以上，应属硫酸盐—氯化物盐土区。在东北和西北一带的山麓地区，地下水位较高，矿化度在 1 g/L 左右，在有机质较多的情况下，还原性细菌将 Na_2SO_4 还原为 Na_2S，Na_2S 进一步水解生成苏打（Na_2CO_3），形成苏打草甸盐土或苏打硫酸盐草甸盐土。土壤 pH 高达 9 以上，土表有薄层（1 ～ 2 cm）盐结皮，土壤颜色灰暗，有绣纹锈斑，显示草甸过程。华北平原盐土分布受地下水的作用很大，一般是地下水位越高，土壤盐渍化程度越重。平原地区土壤可以发生盐渍化，也可以发生脱盐化，草甸土可变成草甸盐土，盐化草甸土也可变成草甸土，避免土壤盐渍化的关键在于降低平原地区的地下水位及矿化度。

（3）荒漠盐渍区

我国荒漠盐渍区的占地面积约 100 000 km²，大部分在准噶尔盆地、塔里木盆地、柴达木盆地以及甘肃河西走廊一带。本区气候极为干燥，平均雨量约为 60 ～ 80 mm，年平均温度为 8 ～ 10 ℃，蒸发剧烈，盐渍土多呈大片分布。一般土壤可溶性盐较高，表土盐结皮很厚，含盐可达 20% ～ 40%，其中硫酸盐含量最高。土壤剖面中各层皆有较高的盐分，剖面厚度 1 m 内各层土壤含可溶性盐在 1%

左右，有时可达 5%，这与滨海盐渍区和平原盐渍区的情况有所不同。盐分组成中硫酸盐含量很高，有时比氯化物还要高 2～5 倍，因此应属氯化物—硫酸盐盐土。盐滩及盐湖附近的盐渍土盐分组成中以氯化物为主，应属氯化物盐土。

2. 根据分布地域划分的盐渍土片区

根据盐渍土的分布地域进行划分，主要可以将盐渍化区分为五种：宁蒙片状盐渍区、甘新青藏内流高寒盐渍区、东北苏打—碱化盐渍区、黄淮海斑状盐渍区和滨海海浸盐渍区。

（1）宁蒙片状盐渍区

宁蒙片状盐渍区包括内蒙古、宁夏黄河冲积平原，陕、甘、宁黄土高原地区及晋、冀北山间河谷盆地，盐渍化面积为 $8 \times 10^5 hm^2$。特点是地势低平，有黄河以及大、小黑河流经此地，气候干旱，年降水量为 140～300 mm，年均蒸发量为 1600～2 300 mm。成土类型为干草原—荒漠草原型。土壤盐分以累积为主，淋溶微弱，盐分多聚于表土层，形成盐结皮，底土盐分也很高，有以硫酸盐为主的结晶析出，属硫酸盐—氯化物、氯化物—硫酸盐、苏打盐渍化、龟裂碱化盐类型。

（2）甘新青藏内流高寒盐渍区

甘新青藏内流高寒盐渍区包括新疆、宁夏贺兰山及阿拉善地区、甘肃河西走廊、青海柴达木盆地、涅水流域、西藏羌塘高原及雅鲁藏布江流域，盐渍化面积 $1.330 \times 10^7 hm^2$，是我国盐渍化分布最广的地区。特点是高山环抱，戈壁沙漠广布，以绿洲灌溉农牧业为主，气候干旱，年降水量小于 200 mm，年蒸发量大于 3 000 mm。成土类型为荒漠草原—荒漠型，土壤积盐常年进行，基本无淋溶过程。积盐快、表聚性强，并多次发生盐分重新分配，有含盐量很高的残余盐土，地表有厚层结壳，为氯化物—硫酸盐、硫酸盐—氯化物、龟裂碱土、苏打盐渍土、硝酸盐、镁质硫酸盐和碳酸盐盐渍类型。

（3）东北苏打—碱化盐渍区

东北苏打—碱化盐渍区包括松嫩平原、呼伦贝尔和西辽河地区、三江平原零星地段，盐渍化面积约 $2 \times 10^6 hm^2$。特点是冲积平原地形平坦，气温低，有较厚的冻土层，年均降水量 300～600 mm，年均蒸发量 1 200～1 800 mm，地下水埋深仅 1.5～2.5 m，矿化度为 2～5 g/L。成土类型为草原—草甸型。土壤积盐的特点是积累与淋溶交替进行，累积略大于淋溶。水盐动态的季节性变化明显，其规律是春末夏初积盐，夏末秋初脱盐，初冬至早春土壤冷冻，亦有微弱积盐过程。黑土区的盐碱土主要分布于松嫩平原、三江平原及辽河平原的排水不良、地下水埋藏较浅的低洼地区，多发育在草甸黑土上，大部分属于苏打盐土和碱土。苏打盐土表面有薄层盐结皮，可溶性盐分含量不高，表土盐含量约为 0.3%；碱土多含碳酸盐、重碳酸盐，硫酸盐次之，氯化物极少。栗土区的盐碱土主要分布于内蒙古北部地势平坦的地区，多发育在暗栗钙土上，土壤多含碳酸盐。

（4）黄淮海斑状盐渍区

黄淮海斑状盐渍区包括黄河下游，海河，淮河流域中、下游的低平地区。山西、陕西的盐碱土在形成和性质上同黄淮平原有相似之处，因而也应属本区。盐碱土面积超 $3.3 \times 10^6 hm^2$。本区河流较多，两岸地下水位高，春冬枯水，夏洪秋涉，旱涝交替，涝后又旱，在经常发生涝灾的地区常形成涝碱现象。气候是春季干旱多风，夏季炎热多雨，年降水量 400～700 mm，水面蒸发量 2 000 mm。呈现盐分积聚与淋溶交替现象，累积大于淋溶。其中，3—6 月积盐，7—8 月脱盐，10—11 月盐分回升，冬季盐分稳定；盐分表聚性强，深层含盐量不高。区内成土类型为草甸型，有潮湿盐土、草甸盐土、沼泽盐土。在地势较高处有轻度盐化浅色草甸土；北部地势低平，多分布轻度和中度盐化浅色草甸土，也有小面积的盐化、沼泽化浅色草甸土；在草原洼地和湖泊周围有浅色草甸盐土。

（5）滨海海浸盐渍区

滨海海浸盐渍区分布于我国沿海地区，面积约 4.67×10^6 万 hm^2，盐分主要来自海水。在成土之前就开始了地质积盐过程，盐碱土多发育在河流的冲积物上，局部地区为湖相或海相沉积物。滨海盐碱土的主要类型是滨海浅色草甸盐土和滨海滩地盐土。

1.3　盐渍土的改良和利用

1.3.1　盐渍土改良的原则

盐渍土是我国分布面积很广的一种低产土壤，其土层深厚，具有地形平坦、地下水资源丰富等发展农业生产的有利条件，如果能采取有效措施，消除过多盐碱，就可充分发挥其潜力，对农业生产具有重大意义。盐渍土之所以低产，主要是因为含有过多的盐碱，或是土壤体吸附有较多的钠离子，使土壤物理化学性状恶化，危害作物生长发育。盐渍土的形成与发展不仅受气候、地形、土壤母质和水文地质等自然条件影响，还与灌溉排水、耕作等人类生产活动有关。因而，改变形成盐渍土这些条件的措施必须是综合性的，只有统一规划、综合治理，才能彻底改良盐渍土。改良盐渍土不仅要排除土壤中过多的盐分，还要改善土壤的理化性状，培肥土壤，使其由低产变高产，由荒地变良田。采取排水洗盐等水利措施可排除过多的盐分，改善作物生长条件，获得一定产量；通过培肥措施则能提高土壤肥力，并可防止返盐和巩固排盐效果，达到持续稳产、高产的目的。排盐和培肥是紧密相连、相辅相成的。要彻底改良盐渍土，必须以水肥为中心，采取包括水利、农业、林业等各方面的综合措施，才能达到综合治理的目的。

1.3.2 盐渍土改良、利用的主要措施

利用与改良盐渍土的措施主要有水利工程措施（包括排水、灌水洗盐、引洪放淤）、农业技术措施（包括平整土地、客土、施肥、耕作、种稻等）；生物措施（包括植树造林、种植绿肥牧草和耐盐作物等）、化学改良措施（包括施用石膏和其他化学改良剂等）。

1. 明渠放水

在改良盐渍土的各项措施中，排水是一项根本性措施，只有建全排水设施，其他措施才能充分发挥作用。土壤中聚积的盐分在灌溉或降雨时随水下淋，这些下淋的含盐水分必须采取排水措施排走，才能避免土壤重新返盐。同时，排水能降低地下水位，防止含盐地下水向地表运行，造成盐分在地表积累。由于盐渍土形成的自然条件和所处的地形部位不同，所采取的排水措施也应不同。在地下水位较深、水质较好的冲积平原，盐渍化较轻，排盐量不大，只需修建稀疏的排水沟，以控制雨季地下水位上升；在易发生洪涝灾害的地区，为了及时排洪，则应健全排水系统，在田间增开浅沟；在地下径流不畅、水质差、盐碱重并兼有洪涝危害的平原区坡地，应健全干、斗、支、毛配套的深沟排水系统；在土壤含盐量高、透水性差的干旱地区，为了冲洗盐碱，则需灌排配套，有灌有排，以加速冲洗盐水的排除，促进土壤脱盐[①]。

2. 竖井排水，灌排结合，井沟渠结合

在盐渍化地区打井是为了抽取地下水进行灌溉和洗盐，既淋洗土壤表层的盐分，又降低地下水位，起到灌溉排水排盐的作用。有的地区在洪汛到来前就抽排矿化度较高的地下水，腾出地下库容，既能防止地下水位上升，又能加速地下水淡化。目前已形成井灌井排与沟、渠和坑塘相结合的灌排体系，实行地表水、土壤水和地下水统一调节与控制，成为治理旱、涝、盐、碱、咸的一项有效措施。

---

① 梁凤荣.盐渍土改良与利用技术模式探索[J].农业工程技术，2020，40（5）：47,49.

3. 洗盐排水

洗盐就是把水灌到盐碱地里，使土壤盐分溶解，通过下渗把表土层中可溶性盐碱淋洗出去，再侧渗到排水沟加以排除。冲洗有以下两种方式：

（1）盐碱荒地开垦前冲洗。用大定额水进行冲洗，把 1 m 土层内含盐量降低到作物能正常生长的范围内。

（2）盐碱耕地的灌溉冲洗。这种冲洗既要满足作物对水分的要求，又要淋洗土壤盐分，调节土壤溶液浓度，使土壤水盐动态向稳定脱盐方向发展，并结合农业技术措施，巩固和提高土壤脱盐效果。

4. 放淤改良

放淤是把含有泥沙的洪水引入筑好的畦块，畦块周围都有围堰和进出水口，洪水流入畦块后堵闭退水口使泥沙沉降下来，形成层淤泥层。通过放淤既形成新的淡土层，又冲洗原有土壤的盐碱，增加新的淡土层，同时连年淤灌，抬高地面，可使地下水位相对降低，抑制土壤返盐。这种放淤措施已在引黄灌溉的地区被大量采用。

5. 种稻改良

在有淡水水源、良好排灌条件配合的低洼易涝盐渍地种水稻是改良与利用相结合且收效较快的一项措施。在采用种稻改良时应采取健全排灌系统、泡田洗碱、水旱轮作、合理换茬等措施，这样才能取得好的效果。

6. 耕作施肥改良

在盐碱地改良上，平整土地、适时耕耙、深耕深翻以及合理施用有机肥等也是十分有效的改良措施。平整土地可以消除局部洼坡积盐的不利因素，使水分均匀下渗，提高淋盐和灌溉洗盐；适时耕耙可疏松耕作层，抑制土壤水和地下水的蒸发，防止底层盐向上运动而导致表层积盐；深耕深翻有疏松耕层、破除犁底层、降低毛管的作用，能提高土壤透水、保水性能，同时能加速淋盐，防止表土返盐；合理施用有机肥可增加土壤有机质，改善土壤结构，达到提高土壤通透性与保蓄性的目的，促进淋溶，抑制返盐。

7. 生物改良

植树造林、广种绿肥牧草也是改良低产盐碱土的一项生物措施。植树可以改善局部小气候，减低风速，增加空气湿度，从而减少地表蒸发，抑制返盐。同时，树木的根系从土壤深层吸水，冠层排掉，能显著降低地下水位，抑制盐的上运。种植绿肥牧草可以降低土壤表层蒸发，抑制盐分向表层移动，并可培肥地力。

8. 化学改良

碱化土和碱土中含有大量苏打及交换性钠，导致土粒分散，物理性状恶化，作物难以生长。因而，在采取其他措施的同时，施用化学物质（如石膏、硫酸亚铁、硫酸等）中和碱性或消除碱性，能达到改良和提高土壤肥力的目的。目前使用最多的是石膏。

1.4 盐渍土对工程的危害

盐渍土对工程的危害主要分为盐渍土的溶陷性危害、盐渍土的盐胀性危害、盐渍土的翻浆性危害以及盐渍土的腐蚀性危害。

1.4.1 盐渍土的溶陷性危害

1. 盐渍土溶陷性概述

盐渍土是包括盐土和碱土在内的以及不同程度盐化、碱化的土壤统称，土中易溶盐含量一般大于 0.3%。按形成条件，盐渍土分为内陆盐渍土、滨海盐渍土和冲积平原盐渍土。新疆地区属盐渍土分布较广的区域，这种土在水的影响下具有显著胀缩特性，会使修筑在盐渍土地区的建筑经常遭受巨大的破坏，对人民的财产造成重大损失[①]。下面就盐渍土溶陷性进行分析，了解其对工程建设造成的影响，并提出盐渍土溶陷性地基处理方法。

（1）盐渍土溶陷性的形成条件及类型

盐分是由岩石（主要为泥岩、砂岩）在风化搬运过程中分离出易溶盐、中溶盐、难溶盐并随水流从高处带到低地或随水渗入地下溶于水而形成的。因为各种盐类的溶解度不同，所以其搬运距离也不同，其中易溶盐搬运距离最远，其沉积有明显的分带性。

---

① 吴玉梅. 盐渍土溶陷性及危害性 [J]. 科技风, 2012（1）: 24.

（2）盐渍土的溶陷机理

盐渍土的含盐量类型多为硫酸盐、碳酸盐、氯化物，其中的钠盐、钾盐和镁盐都属于易溶盐。在干燥状态下，易溶盐具有强度高、压缩性小的特点，但经过水浸泡后容易溶解、流失，导致土体结构松散，在土体的饱和自重压力或外荷载作用下土体颗粒发生相对位移，地表陷落，称为溶陷。当建造在盐渍土地基上的建筑物的地基遭水浸时，建筑物除了原来因地基受荷已产生的地基压密沉降外，还会产生因盐渍土溶陷而引起的附加沉陷。当浸水时间不长、水量不多时，水使土中部分或全部盐结晶溶解，土的结构被破坏，强度降低，土颗粒重新排列，孔隙减小，产生溶陷，而溶陷量的大小取决于浸水量、土中盐的性质和含量以及土的原始结构状态等。这时，盐渍土的溶陷机理与黄土湿陷机理有类似之处，即由于浸水，连结强度降低，土结构塌陷，所不同的仅在于盐渍土的结构强度降低是完全由于土颗粒连结点处的盐结晶被水溶解，如果没有盐结晶的溶解，也就没有土结构的破坏和土的溶陷变形。

在浸水时间很长、浸水量很大而造成渗流的情况下，盐渍土中的部分固体颗粒将被水流带走，产生潜蚀。由于潜蚀的结果，盐渍土的孔隙率将增大。于是，在荷载（包括土自重）作用下，土将产生附加的溶陷变形，这部分溶陷变形可称为"潜蚀变形"。潜蚀变形的大小除与浸水量、浸水时间、土中盐的类别和含量、土的类别和结构状态等有关，还与水的渗流速度有关。由于水的渗流而造成的盐渍土的潜蚀溶陷是盐渍土地基与其他非盐渍土（包括黄土在内）地基沉陷的本质差别，也是盐渍土溶陷的主要部分，对砂石类盐渍土尤其如此。我们将重点研究和探讨盐渍土的潜蚀变形问题。

（3）影响溶陷性的主要因素

溶陷系数是反映盐渍土溶陷性大小的主要指标，基本随着孔隙比的增大而增大。盐渍土初始孔隙比及含盐量大小一同制约着溶系数的大小。当原始结构比较密实时，即使易溶盐含量较高，在溶虑后也不会发生较大的溶陷变形；反之，原始土结构不密实，即使易溶盐含量较低，在盐分溶虑后，结构强度丧失，也会有一定的溶陷变形。因此，盐渍土的溶陷性主要取决于易溶盐含量和原始土中空隙比的大小[①]。

（4）温度的影响

温度影响主要在盐分的溶解度上。随着温度升高，溶解度逐渐增大，增加了溶陷变形量的变化速率。

① 高金花，徐阳，闫雪莲，等.吉林省西部湖泊地带苏打盐渍土溶陷性[J].吉林大学学报（地球科学版），2020，50（4）：1104-1111.

2. 盐渍土溶陷性判定方法

（1）现场初步判定

符合下列条件之一的盐渍土地基可初步判别为非溶陷性土或不考虑溶陷性对旧建筑物的影响：①碎石类盐渍土中洗盐后粒径大于 2 mm 的颗粒超过全重 70% 时，可判为非溶陷性土；②碎石类、砂类盐渍土的湿度为很湿至饱和，粉土类盐渍土的湿度为很湿，黏性土类的盐渍土的状态为软塑至流塑时，可判为非溶陷性土。

（2）盐渍土的溶陷性按溶陷系数判别

当溶陷系数 $a<0.01$ 时，称为非溶陷性土；当溶陷系数 $a \geqslant 0.01$ 时，称为溶陷土。

（3）溶陷系数及分级溶陷量确定

①室内浸水压缩试验适用于不含粗粒、能采取原状土的黏性土、粉土和含少量黏土的砂土。溶陷系数按下式确定：

$$a= (h_p - 'h_p) /h_o \qquad (1.5)$$

式中：a——溶陷系数；h_p——原状土样，加压至一定压力 P 时，下沉稳定后高度（cm）；$'h_p$——加压稳定后的土样，经浸水溶滤，下沉稳定后的高度（cm）；h_o——土样原始高度（cm）。

②当确定溶陷系数后，必须对土层的容限等级进行划分，用于评价盐渍土溶陷性对工程建设的影响程度，计算公式如下：

$$\Delta = \sum a_i h_i \qquad (1.6)$$

式中：Δ——盐渍土地基的分级溶陷量（cm）；a_i——第 i 层土的溶陷系数；h_i——第 i 层土的厚度（cm）；n——基础底面（初勘自地面下 1.5 m 算起）以下 10 m 深度内全部溶陷性盐渍土的层数，在计算 a 值小于 0.01 的非溶陷性土层不计入。

3. 溶陷性对工程建设的影响

溶陷性对工程建设的影响主要分为四个方面：一是对钢筋混凝土框架厂房的影响，即基础下沉，吊车梁倾斜变位，围护墙开裂；二是对单层钢筋混凝土排架厂房的影响，即基础下沉，柱下沉倾斜并水平开裂；三是对单层砖混结构厂房的影响，砖柱断裂，墙体倒塌；四是对办公楼和住宅的影响，即基础下沉裂开，墙体开裂甚至整栋建筑物裂为两截。综上所述，盐渍土溶陷性对各类建筑（构）物所造成的危害主要是地基遇水溶陷，造成基础不均匀沉降，对上部结构造成不同程度破坏，影响建筑（构）物的耐久性和安全性。

4. 地基处理方法

近几年，随着岩土工程的迅速发展，很多新科技、新工艺、新方法在地基处理方面得到了运用和实践，盐渍土溶陷性地基处理类似湿陷性土，方法较多，有换土垫层、浸水预溶＋强夯处理、水泥粉煤灰碎石（CFG）桩地基处理等。

（1）换土垫层

换土垫层法主要适用于溶陷性较高但不很厚的盐渍土地区，对处理厚度小于3.0 m 的溶陷性土具有良好的效果及较经济的效益指标。主要技术指标要求如下：①挖除溶陷性土，采用非盐渍砂砾石回填，其中粒径 >5 mm 的砾石含量宜 >30%，分层夯实，分层厚度宜 300 mm。②砂砾石垫层厚度 h>500 mm，垫层宽度应超出外墙基础边缘的距离至少等于垫层的厚度，且不得 >300 mm。

（2）浸水预溶＋强夯处理

①浸水预溶

浸水预溶目的是使地基土一定深度范围内易溶盐溶解，随着盐分的溶解、流失土体结构重新排列，土体松软并产生一定的沉降或陷落（预沉降）；使部分盐分在晾晒过程中，由于蒸腾作用随毛细水上升在地表富集，清除表层形成的盐壳，达到降低含盐量的目的；地基浸水后，含水率上升，可使其与最佳含水率相近。

②强夯处理

地基土在浸水后，强度会大幅降低，土体结构松软，为提高地基土强度及消除或降低地基土溶陷性，可采取强夯的方法进行处理。通过强夯可使有效作用深度内土层达到一定程度的超固结，起到沉降预处理及地基强化的作用 [①]。

（3）CFG 桩地基处理

CFG 桩复合地基的加固机理可以概括为桩体的置换作用、褥垫层的调整均化作用，采用不排土成桩工艺施工，还具有挤密作用。适用于淤泥、黏性土、溶陷性土、杂填土、粉土、砂土等地基，以提高地基承载力和减少地基变形为主要目的。

1.4.2　盐渍土的盐胀性危害

1. 盐渍土的盐胀性概述

地基土盐胀的形成，是土体内硫酸钠迁移聚积、结晶体胀和土体膨胀 3 个过程的综合结果，是由于土中液态或粉末状硫酸钠在外界条件变化时吸水结晶而产生体积膨胀所造成的。土体硫酸钠的存在及迁移聚积是造成盐胀的物质基础。土

---

① 陈鹏 . 浸水预溶＋强夯法处理盐渍土地基试验研究 [J]. 山西建筑，2007（30）：138-139.

体毛细水上升、水汽蒸发和低温作用是促使盐水向上迁移聚积的基本条件。青海、新疆等内陆盐渍土地区道路调查表明，盐渍土盐胀是盐渍土地区道路主要病害之一。其对道路的破坏形式主要表现在路面产生不均匀变形，形成波浪、鼓包，使路面的平整度严重下降。因盐胀的反复作用，促使路基土体的结构遭到破坏，引起路基整体强度和稳定性下降，产生不均匀沉陷。这种现象在路基含盐量大的路段表现得尤为突出。盐胀导致的不均匀变形会使路面开裂，经行车碾压后会加速路面破坏。

2. 盐渍土的盐胀性分析

盐渍土地基的盐胀性一般分为两个类别：一是结晶膨胀；二是非结晶膨胀。结晶膨胀是指盐渍土因温度降低或失去水分后，溶于土中孔隙中的盐浓缩并析出结晶而产生的体积膨胀，具有代表性的是硫酸盐渍土；非结晶膨胀是指由于盐渍土中存在大量的吸附性阳离子，具有较强的亲水性，遇水后很快与胶粒相互作用，在胶粒颗粒和黏土颗粒周围形成稳固的结合水薄膜，从而减小颗粒间的黏聚力，引起土体膨胀，具有代表性的是碳酸盐渍土。盐渍土的膨胀与一般膨胀土的膨胀机理不同。一般膨胀土的膨胀主要由土中强亲水性黏土矿物吸水引起的；盐渍土的膨胀尽管有的也是由于土体吸水膨胀，但更多的主要是因温度降低而导致盐类结晶膨胀，且后者危害一般比较大。研究表明，很多盐类结晶时都具有一定的膨胀性，只是膨胀程度各异而已。对于影响盐渍土膨胀的主要因素，国内外学者及科研、设计、施工和勘察部门进行了大量的研究，一致认为温度、土中硫酸钠含量、含水量、土的密实度、干重度及黏土矿物含量等因素是影响硫酸盐渍土膨胀变形的主要因素。一般而言，如果含水量、含盐量等具备使土产生膨胀的条件，那么温度就是促使硫酸盐渍土膨胀的决定因素。从无水或过饱和的硫酸钠结晶膨胀的机理可以看出，硫酸钠的结晶必须吸收 10 个水分子，因此水是硫酸盐渍土膨胀的必要条件。硫酸钠变成结晶体所需要的水约为自身质量的 1.27 倍，反应方程式如下：

$$Na_2SO_4 + 10H_2O = Na_2SO_4 \cdot 10H_2O \tag{1.7}$$

无水硫酸钠 Na_2SO_4 的分子量是 142，$10H_2O$ 的分子量是 180，由此可计算出硫酸钠结晶所需要的水的比率为

$$10H_2O/Na_2SO_4 = 180/142 = 1.72 \tag{1.8}$$

大量研究表明，盐渍土中硫酸钠含量的多寡是决定膨胀程度的主要因素。国内对硫酸盐渍土膨胀性方面的研究主要侧重膨胀对路基的危害。研究结果表明，含硫酸钠在 2% 以内时，路基的膨胀较小，一旦超过这个标准，膨胀量就会迅速

增加。国外对干重度与膨胀量的关系做了研究。结果表明，对于一定含水量和含盐量的盐渍土，随着干重度增大，其膨胀呈直线降低，而且盐渍土的膨胀随干重度而降低的规律与土类无关。

1.4.3　盐渍土的翻浆性危害

1. 翻浆性概述

翻浆是指春融时期由于土基强度急剧降低，在行车作用下，路面表面出现不均匀起伏、弹簧或破裂冒浆等现象，主要原因是地下水排除不好或水位发生变化。秋季由于降水或灌溉的影响，地面水下渗、地下水位升高，路基水分增多，为冬季水分积聚提供了必要条件。进入冬季，气温下降，路基上部的土开始冻结，此时，土孔隙内的自由水在 0 ℃时先冻结，形成冰晶体。当温度继续下降时，与冰晶体接触的土颗粒表面的薄膜水（弱结合水在 −10 ～ −0.1 ℃时冻结）受冰的结晶力的作用移动到冰晶体上面冻结。因此，该部分土粒表面的水膜变薄，破坏了原来的吸附平衡状态，产生了剩余分子引力来吸取邻近土粒的薄膜水。同时，当水膜变薄时，薄膜水内的离子浓度增加，产生渗透压力差。在土粒分子引力和渗透压力差的共同作用下，薄膜水从水膜较厚处向水膜较薄处移动，并逐层向下传递。在温度为 −3 ～ 0 ℃的条件下，当未冻区有充足的水源供给时，水分发生连续移动，使路基上部大量聚冰。如果冻结线在某一深度停留时间较长，水分有充分的聚积时间，当水源供给充足时，便在冻结线附近形成聚冰层。它通常只出现在路基上部的某一深度范围内，一般有 5 ～ 30 cm 厚。聚冰层可能有一层或多层。凡聚冰层所在之处即是路基土含水率最大之处。在有路面尤其是沥青路面的道路上，路面材料的导热系数远大于路肩土，所以路面下的土先冻结，于是路基下部水分和路肩、边坡下尚未冻结的土中的水分都向路面下已冻结区土中聚集。因而，路面下聚集水分特别多，加重了聚冰层的形成。春季化冻时，由于路面结构层的吸热和导温性较强，路面下的路基土先于路肩下的融化，于是路基下残余未化的冻土形成凹槽，化冻后的水分难以排出，路基上部处于过湿状态。当融化至聚冰层时，路基湿度更大，有时甚至会超过液限。这样，路基在化冻过程中强度显著降低，以至于丧失承载能力，在行车荷载作用下发生弹簧、开裂、鼓包、车辙，严重时泥浆外冒，路面大面积破坏，就形成了翻浆。

2. 翻浆的影响因素

影响公路翻浆的主要因素有土质、温度、水、路面、行车荷载、人为因素等，其中土质、温度、水三者的共同作用是形成翻浆的自然因素，路面、行车荷载和人为因素则属于环境因素。

（1）土质

粉性土是最容易翻浆的土，这种土的毛细水上升较高，在负温度作用下水分聚流严重，而且土中的水分增多时强度降低幅度大而快，容易丧失稳定。粉性土的毛细水上升虽高，但上升速度慢，因此只有在水源供给充足且土基冻结速度缓慢的情况下，才能形成比较严重的翻浆。粉性土和黏性土含有大量腐殖质和易溶盐时，则更易形成翻浆。砂土在一般情况下不会发生翻浆，这种土毛细水上升高度小，在冻结过程中水分聚流现象很轻，同时这种土即使含有大量水分，也能保持一定的强度。

（2）温度

一定的冻结深度和一定的冷量（冬季各月负气温的总和）是形成翻浆的重要条件。在同样的冻结深度和冷量条件下，冬季负气温作用的特点和冻结速度的大小对形成翻浆的影响也是很大的。例如，当初冻的时候，气温较高或冷暖交替出现，温度在 –3 ～ 0 ℃停留时间较长，冻结线长期停留在路面下较浅处，就会使大量水分聚流到距路面很近的地方，产生严重翻浆。反之，冬季一开始就很冷，冻结线很快下降到距路面较深的地方，则土基上部聚冰少就不易出现翻浆。除此之外，春天气温的特点和化冻速度对翻浆也是有影响的，如春季化冻时，天气骤暖，土基急速融化，则会加重翻浆的程度[①]。

（3）水

翻浆的过程就是水在路基土中转移、变化的过程。路基附近的地表积水及较浅的地下水能提供充足的水源，这也是形成翻浆的重要条件。秋雨及灌溉会使路基土的含水量增加，使地下水位升高，加剧翻浆的程度。

（4）路面

路面的结构与类型对翻浆也有一定的影响，如在比较潮湿的土基上铺筑沥青路面后，由于沥青面层透气性较差，路基土中的水分不能通畅地从表面蒸发，使水分滞积于土基顶部与基层，导致路面失稳变形，出现翻浆。

（5）行车荷载

公路翻浆是通过行车荷载的作用形成和暴露出来的。当其他条件相同时，交通量越大，车辆轴载越重，翻浆越严重。

---

① 王佳，徐丽.公路翻浆的影响因素及防治方法 [J].民营科技，2011（1）：189.

（6）人为因素

下列情况都将加剧翻浆的形成：首先是设计时对翻浆的因素考虑不周。路基设计高度不够，特别是低洼地带，路线没有避开不利的水文地质地带，缺乏防治翻浆的措施，以及路面结构不当、厚度偏薄等。其次是施工质量有问题。填筑方案不合理，不同土质填料混杂填筑，或采用大量的粉质土、腐殖土、盐渍土、大块冻土等劣质填料，或分层填筑时压实度不足。最后是养护不当，如排水设施堵塞，路拱有反向坡，路面、路肩积水，对翻浆估计不足，且缺乏适当的抢防措施。

3. 盐渍土翻浆的成因

盐渍土土壤是一个多孔体，空隙中除含有水分和空气外，还含有一定比例易溶盐分的盐粒。同时，它是一种不稳定的物质，它的性质随着含水量、细颗粒的含量、盐的种类及其数量的改变而改变。通常情况下，不同盐类在水中有不同的溶解度，溶解度又取决于温度。土中的盐分导致土体内复杂的离子交换和化学反应，由此改变了土的性状。公路翻浆是季节性冰冻地区的主要病害之一。因此，盐渍土地区既具有一般公路翻浆的共性，又有其自身的特点。易溶盐的存在使盐渍土翻浆更容易形成。同时，高寒地区冰冻季节较长，促使路基上部土体在冻结过程中聚冰数量显著增加。因此，水分过饱和的土壤与严寒气温两者的综合作用是形成严重翻浆的原因所在。

1.4.4 盐渍土的腐蚀性危害

《岩土工程勘察规范》（CB 50021—2001）中 6.8.1 条规定："岩土中易溶盐含量大于 0.3%，并具有溶陷、盐胀、腐蚀等工程特性时，应判断为盐渍岩土。"盐渍土因具有溶陷、盐胀和侵蚀性等不良特征，工程方面称为特殊土。盐渍土的不良工程特性主要表现为腐蚀性、溶陷性、盐胀性、吸湿性等，滨海盐渍土以腐蚀性为主。

1. 盐渍土腐蚀分类

腐蚀是指材料与它所处的环境介质之间发生作用而引起材料的变质和破坏。这一概念将腐蚀的范畴扩大到所有材料及所有环境。根据机理的不同，腐蚀可以分为化学腐蚀、电化学腐蚀、物理腐蚀三大类。滨海盐渍土腐蚀主要是由于土壤和大气中的氯盐、硫酸盐在化学、物理作用下产生的。按腐蚀介质，盐渍土腐蚀可分为氯盐和硫酸盐的腐蚀。氯盐主要是对钢筋产生腐蚀，使钢筋锈蚀，体积膨胀，从而使混凝土产生顺筋开裂，最后保护层剥落。硫酸盐主要是一方面通过与混凝土中的成分发生化学反应生成新相，而新相物质的体积比反应前增大，产生膨胀应力，造成混凝土开裂、剥落；另一方面，在环境温度和湿度的变化下，硫酸盐发生晶变产生胀缩，造成混凝土开裂。

2. 盐渍土的腐蚀机理

实践证明，在以氯盐为主的盐渍土地区，钢筋混凝土结构破坏的主导原因是滨海盐渍土中氯盐以 NaCl 为主，此外，还有 KCl、$MgCl_2$ 等，在水溶液中电离成 Cl^- 和 Na^+、K^+、Mg^{2+} 等阳离子，Cl^- 引起钢筋锈蚀。Cl^- 对金属有强烈的腐蚀作用。对钢筋混凝土而言，混凝土属碱性材料，其孔隙水的 pH 为 12～13，有利于钢筋钝化膜的形成。在一般条件下，钢筋锈蚀是混凝土受到 CO_2 作用后 pH 降低到 11.8 才开始的。当混凝土中的 Cl^-/OH^- 大于 0.63 时，即高碱环境下 Cl^- 也能对其内钢筋产生腐蚀，一旦钢筋表面的钝化膜破裂脱落，裸露部分就会很快出现铁锈，钢筋即开始腐蚀。钢筋的腐蚀是一个电化学过程，即在钢筋表面形成盐浓差型或氧浓差型的腐蚀微电池。在这些微电池中钢筋表面的阳极区，铁原子失去电子变为铁离子融入混凝土的微孔水中。

阳极反应：
$$Fe \rightarrow (Fe^{2+}) + 2e^- \tag{1.9}$$

阳极区反应生成的电子通过钢筋本身定向移动到钢筋表面上的阴极区域，并在那里与水和氧气发生反应生成氢氧根离子。

阴极反应：
$$(2e^-) + H_2O + 1/2O_2 \rightarrow 2OH^- \tag{1.10}$$

在一定条件下，亚铁离子还会继续参加反应，使钢筋表面生成红锈：
$$(Fe^{2+}) + 2(OH^-) \rightarrow Fe(OH)_2（氢氧化亚铁）\tag{1.11}$$
$$4Fe(OH)_2 + O_2 + 2H_2O \rightarrow 4Fe(OH)_3（氢氧化铁）\tag{1.12}$$
$$2Fe(OH)_3 \rightarrow 2H_2O + Fe_2O_3 \cdot H_2O（红锈）\tag{1.13}$$

从以上的化学反应式可以看出，氢氧化亚铁生成后会继续与水和氧气反应，生成氢氧化铁，然后氢氧化铁分解成水和带结晶水的氧化铁，常被称为红锈。不带结晶水的氧化铁在完全致密状态下的体积为生成它的钢筋体积的 2 倍。氧化铁水化后，体积会进一步膨胀 2～10 倍。这样，在红锈膨胀内应力的作用下，钢筋的混凝土保护层就会发生顺筋开裂，甚至剥落。同时，在建（构）筑物基础的毛细水影响范围内，由于干湿交替，氯盐也可产生结晶破坏。在温度变化时，氯盐能产生晶变膨胀，即在低于 -0.15 ℃时，NaCl 将以 $NaCl \cdot 2H_2O$ 形式存在，自身膨胀 30%，则会损伤混凝土的强度。又由于该地区温度和湿度变化明显，毛细孔内的高盐水分会反复冻融、溶解和结晶，因此会产生周期性内应力，更加剧混凝土结构的腐蚀。《岩土工程勘察规范》（CB 50021—2001）中采用盐渍土的含盐类型、含盐量以及含水率作为盐渍土对钢筋混凝土腐蚀强度等级的评价标准，但土的电阻率也是土对金属材料的腐蚀性的一个重要参数。土的电阻率值越小，其对金属材料的腐蚀性就越大，渤海湾滨海地区由海滩向内陆过渡中，土壤电阻率逐渐增大，由强腐蚀区过渡到弱腐蚀区。

3. 盐渍土的腐蚀特性

通过对沿线的桥梁、水泥电线杆及房屋建筑等混凝土构件的腐蚀情况进行现场调查，发现滨海地区的混凝土构件腐蚀严重，特别是一些修建历史较早的桥梁、建筑物基础和水泥电线杆有砂浆脱落、顺筋开裂，混凝土保护层剥落、钢筋锈断，严重危及构（建）筑物的安全运行。据调查，滨海地区混凝土构筑（建）筑物的腐蚀具有以下几种特征：①桥墩的腐蚀范围主要集中在水位变化范围和毛细水上升影响范围内，约 0 ~ 0.5 m。中间受河水冲刷的桥墩比两侧未受河水作用的桥墩腐蚀要严重得多。②混凝土桥梁受拉区边角及悬臂梁腐蚀严重。由于在非预应力钢筋混凝土构件中混凝土不能承受拉应力，因此在构件的受拉区就不可避免地存在微裂缝，盐分便沿着裂缝进入混凝土内部直至钢筋表面，尤其是在边角处腐蚀从双向同时进行，加之边角处混凝土浇筑质量不易控制，故其腐蚀相当严重。

4. 盐渍土的腐蚀性破坏作用

硫酸盐的腐蚀破坏作用有别于氯盐，其主要破坏对象是混凝土本身。虽然硫酸盐也对钢筋有腐蚀作用，但是同等量的危害能力仅相当于氯盐的 1/4。硫酸盐与混凝土中的水泥水化物起化学反应，从而引起混凝土的微观或宏观破坏。以盐渍土中常存在的芒硝为例，可发生如下化学反应：

$$Na_2SO_4 \cdot 10H_2O + Ca(OH)_2 \rightarrow CaSO_4 \cdot 2H_2O + 2NaOH + 8H_2O \qquad (1.14)$$

$$3CaSO_4 \cdot 2H_2O + 3CaO \cdot Al_2O_3 \cdot 29H_2O \rightarrow 3CaO \cdot Al_2O_3 \cdot 3CaSO_4 \cdot 31H_2O \quad (1.15)$$

式（1.14）表明，芒硝与混凝土中 Ca(OH)$_2$ 反应生成石膏，可使体积膨胀约 2 倍。式（1.15）是石膏进一步与混凝土中铝酸三钙反应，生成硫铝酸钙，其体积又可膨胀 2 倍。由此产生的巨大应力足以引起混凝土微观结构甚至宏观破坏。此类化学侵蚀有时非常严重。目前，我国以硫酸盐为主的盐渍土地区经常发生类似破坏，除建筑物外，还常见于混凝土道路、桥梁、机场等。此外，硫酸盐渗入混凝土中，在干湿交替的条件下，发生结晶（吸水）也能引起体积膨胀，称为结晶侵蚀。当温度变化时，硫酸盐发生晶变，伴之以体积膨胀。盐渍土对建筑（钢筋混凝土、砂浆及水泥基制品）的腐蚀应注意两个特点：一是不同种类的盐渍土，腐蚀机理与腐蚀破坏现象不同，如氯盐以腐蚀钢筋为主，硫酸盐则以腐蚀破坏水泥水化物为主；二是腐蚀部位大都发生在干湿交替的区段，这是因为钢筋锈蚀需要水和氧，干燥过程中盐易结晶（膨胀），干湿交替是更为苛刻的腐蚀条件。

5. 盐渍土腐蚀防护措施

（1）以氯盐为主的防护措施

以氯盐为主的防护措施主要包括基本措施和特殊措施两个方面。

①基本措施

最大限度地提高混凝土的密实性，如增加水泥用量、减少水灰比、加减水剂或密实剂等，提高钢筋保护层厚度也有重要意义。使混凝土密实的目的在于减少 Cl^- 对混凝土的渗透，这是很重要的。但在腐蚀明显的盐渍土地区，单单依靠混凝土自身的密实性不能达到钢筋混凝土结构的设计使用年限（如 30～40 年），甚至在数年或十几年内 Cl^- 渗入混凝土中的数量足以使钢筋锈蚀和混凝土开裂。

②特殊措施

特殊措施又可以细分为三种：钢筋阻锈剂、混凝土外涂层和其他特殊措施。一是钢筋阻锈剂。《工业建筑防腐蚀设计规范》（GB/T 50046—2018）中已载明，以氯盐为主的腐蚀环境掺用钢筋阻锈剂。《盐渍土地区建筑规定》中更明确了关于钢筋阻锈剂的应用范围及使用方法。试验与实践证明，RI-1 系列钢筋阻锈剂在混凝土中的存在，可消除 Cl^- 的危害作用。只要保持阻锈剂对渗入的 Cl^- 有一个合理比例，钢筋就不会锈蚀，或即便是开始锈蚀，阻锈剂的存在也能大大减缓腐蚀速度。因此，在密实性混凝土的基础上，掺加一定量的 RI-1 系列钢筋阻锈剂，可大大提高建筑物在盐渍土中的使用寿命，以达到设计使用年限（30～40 年）的目的。与其他特殊措施相比，采用钢筋阻锈剂是最经济、方便和长期有效的。二是混凝土外涂层。其包括渗透层、涂覆层、防腐蚀砂浆等，涂在混凝土表面以防止或减缓 Cl^- 对混凝土的渗透。这是目前常用的措施。地下部分大都采用沥青类涂料，地上部分大都采用各种有机涂层。聚合物防腐砂浆也被认为是很好的措施。涂层自身存在耐久性问题（防腐砂浆除外），且价格较贵，施工不方便，因此使该类措施的使用受到一定限制。三是其他特殊措施。采用特种钢筋（如环氧涂层钢筋）、阴极保护等，因价格高，实施难度大，目前国内很少采用[①]。

---

① 韩正卿.盐渍土路基病害分析及处理措施[J].科技资讯，2015，13(11)：51，53.

（2）以硫酸盐为主的防护措施

同以氯盐为主的防护措施一致，以硫酸盐为主的防护措施同样包括基本措施和特殊措施两个方面。

①基本措施

一是最大限度地提高混凝土的密实性。二是采用抗硫酸盐水泥。应该指出，抗硫酸盐水泥只能在一定程度上起作用（如 SO_4^{2-} <6 000 mg/L，视抗硫酸盐品种而定），较严酷的含硫酸盐盐渍土中，单靠此仍达不到耐久的目的，且抗硫酸盐水泥的其他性能不及普通水泥，价格也偏高。三是掺加硅灰、优质粉煤灰。

②特殊措施

基本措施虽然很重要，但尚不能解决较严酷环境下的硫酸盐侵蚀问题。因此，特殊措施也是必要的。一是防硫酸盐添加剂。除降低 SO_4^{2-} 的渗入外，可抵消 SO_4^{2-} 的破坏作用。对此，可以添加一种新型添加剂，经 8 年的长期试验表明，砂浆试样浸在 5%Na_2SO_4+3%（NH_4）$_2SO_4$+2%$MgSO_4$ 溶液中，"空白"试样在 1 年之后即出现裂纹、粉化现象，而掺加此新型添加剂者，5 年之后仍完好，6 年后也有裂纹出现；经 8 年 6 个月"空白"试样最大裂纹宽度达 5 mm，而掺加此新型添加剂者仅有 0.1 mm，说明防硫酸盐添加剂是有效的。二是混凝土外涂层。三是浸涂或浸渍性涂层。用有机物的单体浸渍混凝土，使其在混凝土孔隙内聚合，以达到密实和防盐渗透的目的，但现场实施较困难。

1.5　国内相关研究现状

近年来，已发表的有关盐渍土的论文的研究主要集中在盐渍土的三大特性（盐胀、溶陷、腐蚀）、盐渍土的治理以及盐渍土的分布、测试、分类等几个方面。

1.5.1　盐渍土成因研究

目前，对盐渍土成因的研究主要集中在以下几个方面：滨海地区海水入侵形成盐渍土；干旱地区在强烈的蒸发作用下形成盐渍土；盐岩风化形成盐渍土；盐湖干涸形成盐渍土；盐分随地下水运动形成盐渍土；不合理灌溉形成次生盐渍土。

1.滨海地区海水入侵形成盐渍土

滨海地区临近大海，海水中富含各种盐类，海水随海潮或风力登上陆地，受蒸发作用影响后，水分蒸发，盐分残留在陆地上，形成盐渍土。另外，滨海地区大量取用地下水，导致海水倒灌，也能形成盐渍土。而且随着沿海地区围海造田的增加，滨海相盐渍土的面积发展呈上升趋势。滨海地区盐渍土由于盐分来自海洋，所以含盐的种类和数量与海水大致相同。滨海盐渍土是由蒸发海水形成的，故盐渍土层深度不深。

2. 干旱地区在强烈的蒸发作用下形成盐渍土

在内陆干旱地区，随着强烈的地面蒸发作用，盐分聚集在地表或地表以下一定深度的范围内。此类盐渍土分布特征与其所处地形地貌等有很大关系。

3. 盐岩风化形成盐渍土

含盐量很高的岩石在被风化以后残留在原地或被外力带往别处，都可形成盐渍土。

4. 盐湖干涸形成盐渍土

构造运动和气候的变化也会产生盐渍土。在这些变化的影响下，水分蒸发、盐分残留，盐湖和沼泽干涸，原先的湖面形成盐渍土。这些地区的盐渍土往往含盐量很高，有时盐渍土表面有一层厚厚的盐壳，成为天然的露天盐矿。

5. 盐分随地下水运动形成盐渍土

土中盐分的迁徙是用水作载体，土体中水的分布决定了盐分在土体中的分布。土体中的盐溶液运动是导致土体盐渍化的又一重要原因。往往由于蒸发作用，土表层盐渍化程度会加重，而随着降雨的发生，土表层深度的盐渍化程度则可能下降。此外，土中的毛细水作用也是决定盐分迁移的一个重要因素。

6. 不合理灌溉形成次生盐渍土

大面积自流引水灌溉是次生盐渍土形成的最广泛和常见的形式。由于大量引水灌溉，改变了地区原有的水盐平衡，一方面灌溉水中带来一定数量的盐分；另一方面灌溉渗漏水补给地下水，抬高灌溉地区的地下水位，增加了地下水的蒸发，因而增加了土体及地下水中盐分向地表土层的积累。

1.5.2　盐渍土盐胀性的研究成果

高江平等对硫酸盐渍土盐胀特性的单因素影响规律进行了研究[1]。牛玺荣等建

① 高江平，吴家惠，等．王家澄.硫酸盐渍土膨胀规律的综合影响因素的试验研究 [J].冰川冻土，1996（2）：170-177.

立了硫酸盐渍土的纯盐胀期的盐胀关系式[①]。费雪良等对不同密度的硫酸盐渍土的盐胀规律进行了试验研究[②]。彭铁华等对硫酸盐渍土在不同降温速度下的盐胀规律进行了探索[③]。李芳等对盐胀对低层建筑物的危害和防治做了相关研究[④]。杨保存等对盐渍土路基盐胀变形进行了相关监测试验[⑤]。贾磊等、包卫星等对冻融循环情况下的盐胀机理进行了相关研究[⑥][⑦]。宋启卓等将人工神经网络系统应用在盐渍土盐胀的分析中[⑧]。刘军柱对新疆公路盐渍土路基盐胀力进行了数值模拟[⑨]。房建宏等对柴达木盆地盐渍土盐胀对公路建设的影响做了相关分析[⑩]。硫酸钠是导致盐渍土盐胀的主要原因，尤其是在土温或湿度变化较大的土层范围内。相关单位对盐渍土地区进行的大量事故调查表明，盐胀造成的破坏非常广泛，主要是路面、路基、室内地面、室外地面、路缘石、台阶、球场、机场跑道、散水、挡土墙等各个部位。

1. 盐胀机理研究

随着水分的流失或者温度下降，土体中盐类的溶解度下降，这是盐渍土发生盐胀的主要原因。另外，盐类结晶体积增大也会造成盐渍土土体的膨胀。根据野

① 牛玺荣，高江平.硫酸盐渍土纯盐胀期盐胀关系式的建立[J].岩土工程学报，2008（7）：1058-1061.

② 费雪良，李斌，王家澄.不同密度硫酸盐渍土盐胀规律的试验研究[J].冰川冻土，1994（3）：245-250.

③ 彭铁华，李斌.硫酸盐渍土在不同降温速率下的盐胀规律[J].冰川冻土，1997，19（3）：252.

④ 李芳，高江平，王高勇.硫酸盐渍土盐胀与低层建筑[J].西安公路交通大学学报，1998（2）：25-27.

⑤ 杨保存，刘新荣，贺兴宏，等.盐渍土路基盐胀性试验研究[J].地下空间与工程学报，2009，5（3）：594-603.

⑥ 贾磊，侯征，王维早.冻融条件下硫酸盐渍土的膨胀机理及抑制措施[J].安徽农业科学，2009，37（7）：3330-3331.

⑦ 包卫星，谢永利，杨晓华.天然盐渍土冻融循环时水盐迁移规律及强度变化试验研究[J].工程地质学报，2006，14（3）：380-385.

⑧ 宋启卓，陈龙珠.人工神经网络在盐渍土盐胀特性研究中的应用[J].冰川冻土，2006（4）：607-612.

⑨ 刘军柱，李志农，刘海洋，等.新疆公路盐渍土路基盐胀力的数值模拟分析[J].公路交通技术，2008（01）：1-4，8.

⑩ 房建宏，徐安花，黄世静.柴达木盆地盐渍土对公路建设的影响[J].公路交通技术，2004（3）：44-48.

外调查和室内分析，可确定形成盐胀的盐类主要是硫酸盐，且多为硫酸钠。天然的硫酸盐中普遍存在硫酸钠，且其含量较大，一个硫酸钠分子能结合10个水分子形成十水合硫酸钠晶体，体积大约增加148%。硫酸钠的溶解度具有随着温度急剧变化的特点，在降温过程中，土中的盐溶液极易饱和而导致结晶膨胀并形成土体的盐胀。此外，部分学者通过研究含硫酸钠盐渍土的盐胀变形发现，盐胀过程分为两个阶段：第一阶段表现为土体冷缩和盐胀；第二阶段表现为土体失水干缩。

2. 盐胀工程对策研究

由于盐胀的广泛性和严重危害性，各界对抑制和防止盐渍土盐胀积累了一系列的措施和方法。

（1）避开有盐胀危害或者盐胀危害严重的地段：硫酸盐的分布是有限且有规律的，在干旱地区常呈环带状分布，只要加强工程勘察就可以确定其分布范围。如果选址允许，可以采用避让的方法。

（2）掺入氯盐抑制盐胀：相关部门采用在硫酸盐渍土中掺入氯盐，用以提高 Cl^-/SO_4^{2-} 的值来抑制盐胀，也取得过较为显著的效果，但该法只能抑制而不能消除盐胀，且抑制效果随含盐情况的不同表现出较大变化，会带来新的盐渍化问题。

（3）换土垫层法：盐渍土厚度不大时，常采用此法消除盐胀。

（4）设置变形缓冲层：将一层 20 cm 左右厚度的大粒径卵石铺设在地坪下以阻止盐胀的变形。

（5）设置地面隔热层：此法的原理是温度因素对盐渍土盐胀的影响。当土温变化幅度较小时，即使硫酸盐含量较多的土，也会因无相变的转化而不产生盐胀。

（6）防治地面水、毛细水和水汽：在地下水位高的情况下，为了避免水盐上移危害地基土，可在地基土盐胀深度以下设置毛细水隔断层；对于地下水位较低的砂性土层，可考虑在地基土盐胀深度以下设置水汽隔断层等。

（7）用化学方法处理：在盐胀地基中加入氯化钡、氯化钙等物质使土中易溶盐的成分和性质发生变化，从而消除和减轻盐胀。这是一种理论上可能的方法，但价格较为昂贵。

3. 影响盐胀的若干因素

影响盐渍土盐胀的因素有很多，归结起来有如下几个方面。

（1）温度

在盐胀产生的条件中，含盐量、含水量若满足，那么温度就是促进硫酸钠结晶膨胀，从而导致盐渍土盐胀的重要决定因素。盐渍土开始盐胀的温度与土中的含盐量也有一定的关系，同时与土体中的水分含量有关。大量室内试验表明，25 ℃是室内盐渍土起胀温度，含盐量对起胀温度的影响是含量高则温度高，含量低则温度低。盐胀剧烈增长的温度区间主要与孔隙溶液中的硫酸钠浓度有关。另外，降温速率对盐胀也 有显著影响。相关研究表明，盐胀率与降温速率成幂函数关系。

（2）含水量

盐渍土中的无水硫酸钠吸水结晶成十水硫酸钠，硫酸钠的结晶必须结合 10 个水分子，所以硫酸盐渍土盐胀的必要条件是水。相关研究表明，土的最佳含水量就是硫酸盐渍土最大盐胀量的界限，当土中含水量大于或小于土的最佳含水量时，盐胀量都有不同程度的降低。含水量小于 6% 时，无论硫酸钠的含量是多少，盐胀率均小于 1%；当含水量大于 6% 时，盐胀率具有一定的峰值，并且随着含水量的增大而增大，此峰值位于最佳含水量附近。此外，起胀含水量与土质有关。

（3）含盐量

盐渍土中的硫酸钠含量是决定盐胀程度的主要因素。起胀含盐量与土质和土的压实度有很大关系，容许含盐量与建筑物的容许盐胀量、当地盐胀深度和土的密实度有很大关系。粗略地讲，当硫酸钠的含量小于 1% 时，盐胀率均小于 1%；当硫酸钠的含量大于 2% 时，盐胀率随着含盐量的增加而迅速增加。

（4）氯化钠含量与 Cl^-/SO_4^{2-}

①在同样温度下，氯化钠的溶解度大于硫酸钠的溶解度，故氯化钠与硫酸钠共存的环境中，硫酸钠会析出，从而降低溶液中硫酸钠的浓度，使盐胀率降低，且硫酸钠的含量越高越显著，但氯化钠含量大于 5% 后效果不显著；氯化钠可以使硫酸钠盐渍土的起胀温度降低，氯化钠含量越高降低越快，但其含量大于 5% 时效果不显著；氯化钠还可以减小盐胀剧烈增加的温度区间。

② Cl^-/SO_4^{2-}：在该比值不大于 2 时，随着比值的增大，盐胀率明显降低，比值为 2 ~ 6，盐胀率无明显变化，比值大于 6 以后的盐胀率变化和硫酸钠的含量有关；该比值一定时，盐胀率随着硫酸盐含量的增加而不断增大。

（5）上覆荷载

随着荷载的增加，盐胀率急剧降低，两者的关系曲线可用指数函数表示，当上覆荷载超过 88 kPa 时，盐胀率趋于零。

1.5.3　盐渍土溶陷性的研究成果

陈涛等对碎石盐渍土溶陷过程中的盐分运移进行了相关试验研究[①]。李玉军等

① 陈涛，樊恒辉.砂碎石盐渍土渠基的盐分运移试验研究 [J].防渗技术，2000（3）：11-15.

对西北地区盐渍土路基溶陷性病害及防治做了相关研究[1]。尹光瑞等对以强夯法处理盐渍土溶陷性地基的施工方法进行了研究[2]。薛明等对盐渍土地区公路边坡溶陷与防护技术进行了研究[3]。胡树林等对吐哈油田鄯善矿区盐渍土溶陷性评价与工程处理方法进行了研究[4]。王连成等对塔里木盆地大型油罐建设中的盐渍土溶陷沉降量计算进行了研究[5]。盐渍土中盐分的溶解和结晶作用是导致盐渍土地基溶陷的重要因素。溶陷的机理十分复杂，影响盐渍土溶陷的因素也很多，近年来，预防和减少盐渍土溶陷和变形已成为许多学者研究的课题。

1. 溶陷机理研究

盐渍土的溶陷主要有两种情况：一是土体的浸水时间过长、浸水量过大，在土体中造成渗流作用，水流将盐渍土中的部分固体颗粒带走，造成潜蚀作用，进而导致盐渍土的孔隙率增大，在盐渍土土体上部荷载的作用下，土体发生溶陷变形；二是土体过于干旱，土体中水含量低，盐渍土中的盐类发生结晶溶解作用，受温度等环境因素影响反复进行，使土的结构破坏，强度降低，产生溶陷。另外，可按溶陷的严重程度将其划分为三类。①"盐溶—液存"：固态盐溶解为液态，土体丧失了盐分的胶结强度；②"盐溶—液失"：固态盐溶解为液态后在渗流作用下流失，此时土体不仅丧失了盐分的胶结强度，还损失了质量；③"盐溶—液、土失"：由于较强的渗流作用，在盐溶液流失的同时，部分土颗粒被带走，此时土体不仅丧失了盐分的胶结强度，还损失了盐分和土粒的质量。

2. 溶陷工程对策研究

在天然状态下，由于盐的胶结作用，盐渍土的承载力一般都较高，但当其浸水后，土中的易溶盐被溶解，土体结构发生变化，承载力显著下降，溶陷迅速发生，极易产生不均匀沉降导致建筑物倾斜、开裂，道路局部沉陷，此类工程案例屡见不鲜。对盐渍土溶陷的处理方法主要有以下几种。

---

① 李玉军. 西北地区盐渍土路基的常见病害及防治 [J]. 甘肃科技，2008（5）：109-110.

② 尹光瑞，鲁志方. 强夯法在老盐渍土路基处治中的应用研究 [J]. 公路交通科技（应用技术版），2009，5（2）：89-91.

③ 薛明，钟洲，郭建辉. 盐渍土地区公路边坡防护处治技术 [J]. 公路交通科技（应用技术版），2007（9）：20-23.

④ 胡树林，李冬泉，温军祥. 吐哈油田鄯善矿区盐渍土地基勘察 [J]. 油田地面工程，1997（6）：70-73，76.

⑤ 王连成，范恩让. 塔里木盆地大型油罐建设中的岩土工程问题 [J]. 油气储运，1996（3）：31-34，6.

（1）浸水预溶法

对拟建的建筑物地基预先浸水，在渗透过程中土中的易溶盐溶解，并渗流到较深的土层中，易溶盐的溶解破坏了土颗粒之间的原有结构，在土自重压力下产生压密。由于地基土预先浸水后已产生溶陷，所以即使再遇到水，其溶陷变形也不会太大。

（2）强夯法

结构松散、具有大孔隙和架空结构特征的土体的密实度很低，颗粒间接触面积相对较小，抗剪强度不高，对于这种含结晶盐量不高、非饱和的低塑性盐渍土，采用强夯法可以有效减少地基土溶陷。强夯时，夯击能量使土体原结构破坏，并在动力冲击下减少土的孔隙比，使土体达到密实的状态，从而减少盐渍土的溶陷性。

（3）浸水预溶＋强夯法

这种方法适用于含盐量较多的砾石类土中，可以进一步增大地基的密实性，减少浸水溶陷性。

（4）换土垫层法

对于溶陷性很高但厚度不大的盐渍土，采用换土垫层法消除其溶陷性是较为可靠的。

（5）盐化处理方法

在地下水位较低、气候干燥的干旱地区，遇到含盐量较高、盐渍土层很厚的情况时，可考虑使用盐化处理方法，即"以盐治盐"。在盐渍土地基中注入饱和或过饱和的盐溶液，形成一定厚度的盐饱和土层，饱和盐溶液注入地基后，随着水分的蒸发，盐结晶析出，填充了土中的孔隙，并起到了土颗粒骨架的作用，且使土的渗透性减小。但盐化处理方法需要结合地基防水措施，才可能起到减少溶陷的效果。

（6）桩基

当盐渍土层较厚、含盐量较高时，可采用桩基础。在使用桩基础的过程中，必须考虑浸水条件下桩的工作状况，即桩周围土体浸水溶陷后产生的对桩的负摩阻力以及桩承载力的降低。

3.影响溶陷的若干因素

影响盐渍土溶陷的主要因素有以下几个。

（1）含盐量与含盐性质

易溶盐的含盐性质会导致盐渍土溶陷，而且易溶盐含量的多少是导致盐渍土溶陷的决定性因素。

（2）浸水量

易溶盐的溶解比例由浸水量决定，因此浸水量对盐渍土溶陷有重要的影响。

（3）起始压力

盐渍土的溶陷尤其是潜蚀溶陷与盐渍土的起始压力关系密切。

（4）渗流速度

渗流速度越大，对盐渍土的潜蚀溶陷发展就越迅速。

（5）土的原始结构

研究表明，当土的原始结构很密实时，即便含盐量很高，也不会产生很大的溶陷变形；当土体的原始结构不够密实时，即使含盐量不高，也可能产生很大的溶陷变形。

1.5.4　盐渍土腐蚀性的研究成果

程安林等对盐渍土对地下管网、电气接地网的腐蚀性进行了研究[①]。潘登耀等对新疆地区双掺高性能混凝土的抗侵蚀性进行了研究[②]。薛明等对粉煤灰自密实混凝土的抗腐蚀特性做了研究[③]。杨高中等对滨海相氯盐渍土腐蚀环境下的混凝土结构的耐久性进行了研究[④]。伍远辉等对湿度对管线钢在盐渍土中的腐蚀行为的影响做了相关研究[⑤]。房建宏等对柴达木盆地中盐渍土的腐蚀性对公路建设的影响做了相关研究[⑥]。薛明等对盐渍土地区公路桥涵及构筑物的防腐与维护做了相关研究[⑦]。赵天虎等对盐渍土对钢筋混凝土电杆的腐蚀机理做了相关研究[⑧]。

① 程安林.浅谈盐渍土地区电气接地的设计和施工 [J].电工技术，1999（3）：3-5.

② 潘登耀，陈永利.新疆地区双掺高性能混凝土对盐渍土的抗侵蚀性研究 [J].粉煤灰，2007（6）：18-19.

③ 薛明，陈南，何鹏，等.盐渍土地区水泥混凝土抗硫酸盐腐蚀特性的研究 [J].公路交通科技（应用技术版），2008（9）：28-30.

④ 杨高中，王奇文.氯盐腐蚀环境下混凝土结构耐久性的思考 [J].福建建筑，2007（12）：41-42.

⑤ 伍远辉，孙成，张淑泉，等.湿度对X70管线钢在青海盐湖盐渍土壤中腐蚀行为的影响 [J].腐蚀科学与防护技术，2005（2）：87-90.

⑥ 房建宏，徐安花，黄世静.柴达木盆地盐渍土对公路建设的影响 [J].公路交通技术，2004（3）：44-48.

⑦ 薛明，朱玮玮，房建宏.盐渍土地区公路桥涵及构筑物腐蚀机理探究 [J].公路交通科技（应用技术版），2008（9）：24-27，30.

⑧ 赵天虎.盐渍土对钢筋混凝土电杆的浸蚀 [J].油田地面工程，1997（2）：38.

1.腐蚀机理研究

盐渍土兼有土体自身腐蚀和盐类腐蚀的特性，其中土腐蚀主要包括化学反应腐蚀、电化学腐蚀、物理作用腐蚀、微生物腐蚀、杂散电流腐蚀与其他腐蚀。氯盐和硫酸盐是盐渍土中腐蚀的主要盐类，也是决定盐渍土腐蚀性的关键因素。土中氯盐的腐蚀主要包括离子腐蚀（主要离子包括氯离子、镁离子、铵离子、钾钠钙离子）与氯盐结晶、晶变及胀缩等作用的腐蚀。土中硫酸盐的腐蚀主要包括化学腐蚀、结晶膨胀、硫酸根对金属的腐蚀以及硫酸盐还原菌的作用腐蚀。此外，某些碳酸盐具有胀缩作用，可对水泥材料产生一定的腐蚀作用。

2.腐蚀工程对策研究

盐渍土防腐蚀措施主要包括以下几个方面：

（1）防腐涂料类

其目的在于隔绝腐蚀性环境，采用树脂类涂料，实现对基础和各种地下设施的防护。防腐涂料类多用于较为严酷的腐蚀环境中。

（2）块材防腐施工

为了防止盐对基础等的腐蚀，宜采用花岗岩、沥青浸渍砖等材料进行施工。

（3）提高混凝土强度与密实度，增强建筑材料自防腐能力。

（4）使用各种掺合料、固化剂等，提高建筑材料本身的防腐能力。

3.影响腐蚀的若干因素

影响盐渍土腐蚀的因素主要有以下几方面。

（1）含水量的影响

水是影响盐渍土腐蚀性极为重要的因素。尤其是盐渍土中常见的电化学腐蚀，水是腐蚀作用形成的三个必备条件之一。

（2）土中含气与含氧量的影响

气体或氧气在土中的含量是腐蚀发展快慢的必要条件，凡是透气性好、含氧量高的土，其腐蚀性也强。

（3）土的酸碱度的影响

这是衡量土的腐蚀性的一个重要指标，往往酸性较强的土具有较为广泛的腐蚀性。

（4）土中含盐量和含盐类别的影响

这是决定盐渍土区别于其他土体腐蚀性的一个必要条件，且不同的盐类往往具有不同的腐蚀机理。

1.5.5　盐渍土治理研究

张平川等对盐渍土地区机场地基的病害治理进行了研究[①]。王广建等对在沙漠盐渍化地区采用编织布加固路基技术进行了研究[②]。庞魏等对电石灰改良滨海相盐渍土路基进行了可行性研究[③]。许君臣等对盐渍土泥沼地带路基的治理方法进行了研究[④]。钟毅等对采用土工布荆笆联合作用处理盐渍土软土地基做了相关研究[⑤]。柴寿喜等对五种固化剂固化盐渍土的强度和工程适用性进行了研究[⑥]；杨建永等对高原盐渍土地基强夯处理方法进行了研究[⑦]。黄晓波等对浸水预溶强夯法处理盐渍土进行了相关研究[⑧]。

1.5.6　盐渍土其他方面的研究

周永祥等对不同固化盐渍土的微观结构进行了研究[⑨]。王春雷等对析晶过程中盐渍土的微观结构变化进行了研究[⑩]。李芳等对中国公路盐渍土分区问题进行了探索[⑪]。孙金海等对黄土类盐渍土的物理力学性质进行了相关研究[⑫]。张俊等对盐渍

---

① 张平川，董兆祥.敦煌民用机场地基的破坏机制与治理对策 [J].水文地质工程地质，2003（3）:78-80.

② 王广建.塔里木油田沙漠公路设计及防护治理 [J].石油规划设计，2013，24（5）:41-43.

③ 庞巍，叶朝良，杨广庆，等.电石灰改良滨海地区盐渍土路基可行性研究 [J].岩土力学，2009，30（4）:1068-1072.

④ 许君臣，刘全忠，万立平.盐渍土泥沼地带路基的治理方法 [J].吉林建筑工程学院学报，2007（3）:25-28.

⑤ 钟毅.土工布荆笆联合作用在软、盐渍土路基处理中的应用 [J].北方交通，2008（1）:51-53.

⑥ 柴寿喜，王晓燕，魏丽，等.五种固化滨海盐渍土强度与工程适用性评价 [J].辽宁工程技术大学学报（自然科学版），2009，28（1）:59-62.

⑦ 杨建永，杨军，陈耀光，等.高原盐渍土地基强夯处理方法 [J].辽宁工程技术大学学报（自然科学版），2008（2）:224-226.

⑧ 黄晓波，周立新，何淑军，等.浸水预溶强夯法处理盐渍土地基试验研究 [J].岩土力学，2006（11）:2080-2084.

⑨ 周永祥，杨文言，阎培渝.不同类型盐渍土固化体的微观形貌 [J].电子显微学报，2006（S1）:371-372.

⑩ 王春雷，姜崇喜，谢强，等.析晶过程中盐渍土的微观结构变化 [J].西南交通大学学报，2007（1）:66-69.

⑪ 李芳，李斌，陈建.中国公路盐渍土的分区方案 [J].长安大学学报（自然科学版），2006（6）:12-14，89.

⑫ 孙金海.黄土类盐渍土的物理力学试验与分析 [J].电力勘测，1994（2）:10-14.

土地区沥青抗剪强度进行了相关实验研究[a]。杨晓松等对饱和氯盐渍土抗剪强度特性进行了试验研究[②]。陈炜韬等对冻融循环对盐渍土黏聚力的影响做了相关试验研究[③]。陈彪来对甘肃盐渍土分类与公路工程特性做了相关探索[④]。

---

① 张俊，薛明.基于盐渍土环境的沥青抗剪强度试验分析 [J].公路工程，2007（6）:61-64,126.

② 杨晓松，党进谦，王利莉.饱和氯盐渍土抗剪强度特性的试验研究 [J].工程勘察，2008（11）:6-9.

③ 陈炜韬，王鹰，王明年，等.冻融循环对盐渍土黏聚力影响的试验研究 [J].岩土力学，2007（11）:2343-2347.

④ 陈彪来.甘肃省盐渍土分类与公路工程特性分区评价 [J].甘肃农业大学学报，2006（5）:110-113.

第 2 章　盐渍土的形成原因分析

2.1　成因分析的意义

成因分析指的是对盐渍土的形成原因进行分析，类似于背景调查，其目的在于探明盐渍土是如何形成的，其性质究竟如何，我们又应该怎么样避免或者减少盐渍土的形成，等等。盐渍土成因不同，对工程建设和生产的影响也不同。研究各种因素影响下土的盐渍化发生和演变的规律，认识土的盐渍化过程和各种因素的相互关系，是防治土盐渍化的必然选择。我国地域辽阔，自然条件复杂，只有查明不同条件下土盐渍化的原因，并进行针对性的治理，才能达到有效防治土盐渍化的目的，减少经费的支出。首先，通过对盐渍土的成因进行分析，我们发现盐渍土的形成其实是比较困难的，要受到地形、气候、水文地质等多方面因素的共同影响。这就使我们可以对照盐渍土的成因分析进行对比查找，寻找那些符合盐渍土形成条件的地域，以明确盐渍土的形成位置，这对日后利用和控制盐渍土做好了准备。其次，通过对盐渍土的成因进行分析，我们可以进一步了解盐渍土的性质及危害。只有掌握了盐渍土的性质，才能找到掌握和阻滞盐渍土形成的方法。再次，通过了解盐渍土的成因，就能够了解不同条件下土壤元素的作用关系，这对我们进一步学习和了解土壤间的相互作用有很好的帮助。第四，通过对盐渍土的成因进行分析，在后期的土地利用规划中，我们就可以知道如何避免盐渍土的形成，这对各种类型建筑工程的建设是极为重要的。即使在遇到符合盐渍土形成条件的地理位置时，也能够通过控制盐渍土组成条件的方式阻滞盐渍土的形成。特别是在进行公路建设、路基建设时，可以提前有效避免盐渍土的形成环境，以降低或者规避盐渍土对该工程建设的侵蚀。最后，通过分析盐渍土的成因，我们可以找到利用和改良盐渍土的方法。改良盐渍土的根本目的在于将根系层的盐分减少到一定限度。盐土区往往会旱、涝、盐相伴发生，因此必须将抗旱、治涝、洗盐相结合，因地制宜地采取综合措施，可通过平整土地（以消除盐斑）、排水、灌溉、种稻、种植绿肥和耕作施肥等措施来改良。改良碱土的根本目的在于以交换性钙取代交换性钠来降低碱化度（ESP），改良物理性状。施用钙盐是改良碱土的基本方法。比如，以石膏为改良剂，碱土中的交换性钠被石膏中的钙交换，土壤胶体就会在钙离子的作用下重新凝聚，形成结构。反应生成物中的硫酸钠可被灌溉水或雨水淋洗，降低土壤碱性。改良碱土也应采用深耕、施用大量有机肥、掺砂和客土等综合措施。特别应注意的是，在改良碱化硫黄盐土（或盐性碱土）时，洗盐之前必须先降低土壤的 ESP（施用石膏或硫磺），否则，盐分一经洗去，土粒絮散，透水性降低，会给进一步洗盐改良增加难度。

2.2 盐渍土的成因

盐渍土的成因由当地的地形、气候和水文地质等自然因素决定。当然，人类活动也会使本来不含盐的土层产生盐渍化，生成次生盐渍土。具体来说，盐渍土的成因不外乎以下几点：气候、含盐地表水和地下水、地形、母质、生物造成、人类经济活动造成、其他原因，如生物积盐等以及盐湖、沼泽退化生成等。

2.2.1 气候

由于季风气候影响，我国四季明显，导致了盐碱地区土壤盐分状况的季节性变化，夏季降雨集中，土壤产生季节性脱盐，而春秋干旱季节，蒸发大于降水，又引起土壤积盐。各地土壤脱盐和积盐的程度随气候干燥度的不同而有很大的差异。在华北平原和东北地区，夏季降水较多而集中，盐分的淋溶作用较强，春、秋、冬季降水量少，特别是春季干旱多风，蒸发强烈，盐分累积占优势，地表盐分较多，而心底土含盐并不高，盐结晶亦不多；在黄河中游的宁夏和内蒙古冲积平原，年降水量较少，夏季盐分淋溶较弱，春、秋蒸发量大，土壤表层积盐重，心底土盐分也高，常有盐结晶析出并形成盐结皮或薄层盐结壳；在西北地区的新疆、青海、甘肃河西走廊，年降水量极少，土壤常年积盐，地表多出现较厚的盐结壳。此外，在东北和西北的严寒冬季，因冰冻而在土壤中产生的温度与水分的梯度差也可引起土壤心土积盐[①]。气候干旱、排水不畅和地下水位过高是引起土壤积盐的重要原因。在上述地区，由于降水少、蒸发量大，盐分积聚土填表层的数量多于向下淋洗的数量，容易导致盐渍的形成。在我国长江以南降雨量大的地区，

① 吕晋志.吉林省盐渍土的危害、成因及改良方法 [J]. 吉林农业,2016(10) :97.

淋溶作用强烈，土壤中的可溶性盐多被径流水带至江河注入大海，因此除沿海岸一带因受海水影响有零星分布的小块盐渍土外，基本上没有盐渍土。

2.2.2 含盐地表水和地下水

盐渍土中的盐分是通过水分的运动带进来的，而且主要是由地下水带来的，所以在干旱地区，地下水位的深浅和地下水的含盐量，即矿化度（每升地下水含有的可溶性盐分的克数，以 g/L 表示）的大小，密切地影响着土壤的盐渍化。地下水位越浅，地下水越容易通过土壤毛管上升至地表，蒸发散失的水量越多，留给表土的盐分就越多，尤其是当地下水矿化度大时，土壤积盐更为严重，华北平原地下水埋深和矿化度对土壤盐渍程度的影响从表 2-1 即可看出。

表2-1　华北平原地下水埋深和矿化度对土壤盐渍程度的影响

盐渍程度	地　　形	地下水埋深 /m	地下水矿化度 /($g \cdot L^{-1}$)	土壤及地下水的盐分组成
非盐渍地	缓岗	> 3	$0.5 \sim 1$	Cl^-/HCO_3^- SO_4^{2-}/CO_3^-
轻盐渍地	微斜平地交接洼地边缘	$2 \sim 3$	$1 \sim 2$ $2 \sim 5$	HCO_3^-/SO_4^{2-} HCO_3^-/Cl^-
重盐渍地	洼地边缘或低平地	$0.5 \sim 1.5$ $1.5 \sim 2.0$	$2 \sim 5$ $5 \sim 10$	Cl^-/SO_4^{2-} SO_4^{2-}/Cl^-
盐荒	滨海低平地或洼地边缘	$0.5 \sim 1.5$	$5 \sim 10$ $10 \sim 30$	Cl^-

在干旱季节，不至于引起表层土填积盐的最浅地下水埋藏深度被称为地下水临界深度，临界深度并非一个常数，是因具体条件不同而异的，影响临界深度的主要因素有气候、土壤、地下水矿化度和人为措施。一般来说，气候越干旱，蒸发量和降水量的比率越高，临界深度越大，地下水矿化度越高，临界深度也越大。

土壤对临界深度的影响主要取决于土壤的毛管性能、毛管水的上升高度及速度。凡毛管水上升高度大、上升速度快的土壤，一般都易于盐化。因此，壤质土、粉砂质土常较砂质土或黏质土要求更深的临界深度，见表 2-2。但是，粉砂质土的剖面中有夹黏层或夹砂层时，会对其水盐运行有影响，因而能减小临界深度。土壤结构状况也影响着水盐运行。土壤的团粒结构，特别是表层土壤具有良好的粒结构时，能有效地阻碍水盐上升至地表，临界深度可以较小。耕作管理对临界深度也有影响。精耕细作，及时管理，能有效地保墒，减缓地面蒸发，抑制水盐上升，因此可以要求较小的临界深度。

表2-2　土壤质地与地下水临界深度的关系

土壤质地	紧砂土	沙壤土—轻壤土	中壤土	重壤土—黏土
临界深度 /m	1.5	1.8 ～ 2.1	1.6 ～ 1.9	1.2 ～ 1.4

2.2.3　地形

地形起伏影响地面和地下径流，土壤中的盐分也随之发生分移。华北平原、山麓平原的坡度较陡，自然排水通畅，土壤不发生盐碱化。冲积平原的缓岗地形较高，一般没有盐碱化威胁；冲积平原的微斜平地排水不畅，土壤容易发生盐碱化，但一般程度较轻；洼地及其边缘的坡地或二坡地（微度倾斜的平地）则分布较多盐渍土滨海平原，排水条件更差，又受海潮影响，盐分大量聚积，程度更重。总之，盐分随地面、地下巡流由高处向低处汇集，积盐状况也由高处到低处逐渐加重。从小地形看，在低平地区的局部高起处，由于蒸发快，盐分可由低处移到高处，积盐较重。另外，地形还会影响盐分的分移，由于各种盐分的溶解度不同，溶解度大的盐分可被径流携带较远，溶解度小的则携带较近，所以由山麓平原、冲积平原到滨海平原，土壤和地下水的盐分一般是由重碳酸盐、硫酸盐逐渐过渡至氯化物。

2.2.4　母质

母质对盐渍土形成的影响大体上有两个方面：一是母质本身含盐，含盐的母质有的是在某个地质历史时期聚积下来的盐分，形成古盐土、含盐地层、盐岩或盐层，在极端干旱的条件下盐分得以残留下来成为目前的残积盐土；二是含盐母质是滨海或盐湖的新沉积物，由于这些新沉积物出露成为陆地，所以土壤含盐。

2.2.5　生物积盐作用

有些盐地植物的耐盐力很强，能在土壤溶液渗透压很高的土地上生长，这些植物根系深长，能从深层土壤或地下水吸取大量的水溶性盐类，植物内积聚的盐分可达植物干重的20% ～ 30%，甚至高达40% ～ 60%，植物死亡后就把盐分留在土层中，致使土壤盐渍化加强。此外，新疆盐渍土上生长的红柳和胡杨等植物能够把进入枯株体内的盐分分泌出来，增加土壤中的盐分。

2.2.6 海水

海水通过海潮侵袭或飓风等方式直接进入滨海陆地地面，经蒸发，盐分析出并积聚在土中，就会形成盐渍土。另外，海水还会直接补给沿岸地下水，在地表蒸发作用下，通过毛细水作用积聚在土体表层，形成盐渍土。

2.2.7 盐湖、沼泽退化

例如，新疆塔里木盆地的罗布泊在历史上曾是我国第二大咸水湖，面积达 5 000 km²，20 世纪 50 年代初，积水面积尚超过 2 000 km²，后因塔里木河上游建水库截流，在年降雨量不足 10 mm、蒸发量超过 3 000 mm 的极端干旱的气候条件下，很快干涸，变成了盐渍土和盐壳。一些内陆盐湖或沼泽在新构造运动和气候的变化下会退化干涸，生成大片的盐渍土。

2.2.8 人类经济活动的影响

由于人类发展灌溉的不当，造成了两方面的影响：一是矿化的水直接使土壤盐渍化，形成盐渍土；二是恶化了一个地区或流域的水文或水文地质条件，使土体和地下水中的水溶性盐类随土毛细水作用向上运行而积聚于地表，造成了土的盐渍化。

2.2.9 其他成因

我国西北干旱地区具有风多，风大的特点、大风可以将含盐的砂土吹落到山前戈壁和沙漠等地，积聚成新的盐渍土层。

第 3 章　盐渍土的分布规律研究

盐渍土的类型、含盐成分等均较复杂，它与盐渍土的成因有关，必须通过勘察和试验具体查明。但各种盐类的溶解度不同，所以在不同的母质、水文地质条件、气候等影响因素下，盐渍土的分布有一定的规律。

3.1　由母质决定的分布规律

盐渍土中的盐类来自含盐母质，母质中的盐分在地质构造、地下水或地面径流等因素作用下，运移至土体表层并积聚，形成盐渍土。由母质决定的分布规律主要分为两种，即第四纪沉积母质决定的分布规律和古老含盐地层决定的分布规律。

3.1.1　第四纪沉积母质决定的分布规律

所谓第四纪沉积物，指的是第四纪时期因地质作用所沉积的物质，一般呈松散状态。在第四纪连续下沉地区，其最大厚度可达 1 000 m。第四纪沉积物中最常见的化石有哺乳动物、软体动物、有孔虫、介形虫及植物的孢粉等，这些化石有助于确定第四纪沉积物的时代和成因。第四纪沉积物分布极广，除岩石裸露的陡峻山坡外，全球几乎到处被第四纪沉积物覆盖。第四纪沉积物形成较晚，大多未胶结，保存比较完整。第四纪沉积主要有冰川沉积、河流沉积、湖泊沉积、风成沉积、洞穴沉积和海相沉积等，其次为冰水沉积、残积、坡积、洪积、生物沉积和火山沉积等。第四纪的构造运动属于新构造运动。在大洋底沿中央洋脊向两侧扩张。对太平洋板块移动速度的测量表明，太平洋板块平均每年向西漂移最大达到 11 cm，向东漂移 6.6 cm。陆地上新的造山带是第四纪新构造运动最剧烈的地区，如阿尔卑斯山、喜马拉雅山等。地震和火山是新构造运动的表现形式。地震集中发生在板块边界和活动断裂带上，如环太平洋地震带、加利福尼亚断裂带、中国郯庐断裂带等。火山主要分布在板块边界或板块内部的活动断裂带上。中国的五大连池、大同盆地、雷州半岛、海南、腾冲、台湾等地都有第四纪火山。根据沉积物的成因而划分的类型包括残积物、重力堆积物、坡积物、洪积物、冲积物、湖泊沉积物、沼泽沉积物、海洋沉积物、地下水沉积物、冰川沉积物、风成沉积物、生物沉积物以及人工堆积物等。每一种成因类型可根据不同情况划分为不同亚类，如湖泊沉积物根据湖水的矿化度可划分为淡水湖沉积物与咸水湖沉积物。不同的成因类型间还有一些中间类型或过渡类型，如三角洲沉积物是一种冲积、湖泊沉积物或冲积、海洋沉积物，冰水沉积物是一种冰川、河流沉积物等。第四纪沉积物分析是指对第四纪沉积物基本性状的分析研究工作，如沉积物机械组成的分析（粒度分析）、矿物组成的分析、碎屑颗粒的形态分析（圆度、球度等）、表面特征的分析与组构分析等。此外，也包括对第四纪沉积物的各项物理力学性质的测定。第四纪沉积物分析是第四纪地质研究工作中的一项重要的工作。在第四纪沉积区域，沉积母质决定了盐渍土的类型及分布区域。具有河湖沉积物的洼地边沿，一般都有较大面积的盐渍土分布，积盐强度除受气候、地形因素影响外，还与河、湖水矿化度高低有关。一般有出流条件的河湖洼地的水质较好，矿化度不高，土积盐量较小；无出流条件的河湖洼地的水质差，矿化度高，土壤含盐量亦高。在第四纪地质剖面中，海洋沉积类型分布的面积很有限，在地质构造上，多处于沉降凹陷带，我国第四纪海相沉积物导致的盐渍土主要分布在渤海湾、江苏北部沿海及浙江、福建、广东等省的沿海及浅海滩地带。苏打盐渍化的分布和富含钠长石类的花岗岩、片麻岩的分布相一致。例如，阿尔泰山分布着大面积的花岗岩侵入体和以片麻岩为主的变质岩系；昆仑山的中央核心带，则多为花岗岩和片麻岩等变质岩系；苏打盐渍化则在阿尔泰山南麓、昆仑山北麓、天山北麓分布较广。天山南麓由于前山带白垩纪和第三纪地层中含盐很多，以致广泛存在着洪积坡积盐化过程，平原河滩地、低阶地都有较明显的盐渍化现象。

3.1.2　古老含盐地层决定的分布规律

对于由古老含盐地层引起的盐渍土分布的区域，其盐渍土的类型与地层含盐的类型基本一致，其分布特征由盐层分布、水文条件、地形地貌等共同决定。东北的大兴安岭广泛分布着火成岩，从化学成分看，绝大部分都富含钠；此外，还有含苏打的深层石油水的影响，该地区广泛发生的苏打盐渍化过程皆与此有关。因为全境的堆积风化壳中都含有较高的苏打，所以土的苏打盐化较普遍。山西省运城盆地北部一级至二级阶地上所分布的底层盐化土，就是由第三纪末期埋藏的湖相沉积层引起的，在底层土体中，形成了较重的含盐层，而且地下水的矿化度也很高。底层土体及地下水含盐量较高，存在土盐渍化的潜在危险。在雨量较充沛和地下水位较深的情况下，表层土处于脱盐状态，但一旦地下水汇集停滞，水位升高，底层的盐分就会大量向地表累积。

3.2 由盐的性质决定的分布规律

盐的一些性质对分布规律的影响是微观和局部的，其中影响最为明显的是盐的溶解度。各种盐类的溶解度不同，因此在含盐水的迁移和蒸发的过程中以先后不同的次序达到饱和并析出，故在深度上盐渍土的分布也有一定的规律。例如，难溶的碳酸钙，因其溶解度很小而最先析出，故碳酸钙盐渍土层埋藏较深；然后是溶解度不大的中溶盐，如硫酸钙（即石膏），达到饱和并析出，故含硫酸钙的盐渍土一般位于碳酸钙盐渍土之上；最后析出的是易溶盐。硫酸钠的溶解度较大，夏天温度高时基本溶于水（地下水和孔隙水）中，冬天温度降低时才会析出，故其积盐过程具有季节性。硫酸镁和氯化钠的溶解度大，所以只有在特别干旱的时候，在强烈的地表蒸发下，浅层处的土层中才有结晶盐从溶液中析出。同样是易溶盐的氯化镁和氯化钙的溶解度很大，且具有很强的吸湿性，所以只有当温度很高、空气特别干燥且水分很快蒸发时，才能从饱和的溶液中析出固体的盐类。但空气的湿度一旦增高，这些盐又会很快转化为溶液。总之，盐渍土在深度上分布的大致规律是，氯盐在地面附近的浅层处，其下为硫酸盐，碳酸盐则在较深的土层中。当然，实际上盐类往往是交错混杂逐渐过渡的，并无明显的界面。

3.3 由洪水、河流和地下径流主导的分布规律

洪水、河流和地下径流直接受地形、地貌的影响，对盐渍土的形成过程有很大影响，从而决定了盐渍土的类别和分布规律。岩石风化所形成的盐类随水移动，在沿地形的坡向流动过程中，其移动变化基本上服从化学作用的规律，按溶解度的大小，从山麓到平原直至滨海低地或闭流盆地的水盐汇集终端，呈有规则的分布，溶解度小的钙、镁碳酸盐和重碳酸盐类首先沉积，溶解度大的氯化物和硝酸盐类则可以移动较远的距离。由于碳酸盐的溶解度小，在山前洪、冲积倾斜平原区，形成了以碳酸盐为主的盐渍土带。而在洪、冲积平原区，则成为过渡带，从含少量的碳酸盐（碳酸钠和碳酸氢钠），过渡到以含硫酸钙、硫酸钠为主的硫酸盐、亚硫酸盐和氯盐型盐渍土。在毗邻察尔汗盐湖的湖积平原区，地下水位很浅，土中含有的主要是易溶的氯盐。随地形变缓，地表水和地下水的矿化度也逐渐增

高，土中盐渍化也从高到低，从上游到下游呈现出相应的变化，特别是在闭流盆地中，这种分异更为明显。从大、中地形来看，土中盐分的累积，是从高处向低处逐渐增多的。各种负建造地形常常是水盐汇集区。但是，在一个大区域范围内，由内外引力作用引起的地表形态的差异，又常常造成水热状况不同，并导致水盐的重新分配。例如，对于黄河中下游泛滥平原，根据对其地貌特征及水盐运动关系的长期研究，把它归纳为四种水盐动态类型：高地类型的地貌，其水盐运动状况属下渗—水平运动型；缓斜低平地多为上升、下渗—水平运动型；洼地水盐，多属下渗—上升交替垂直运动；洼地边缘则属于水盐的逆向水平—上升运动型。

3.4　由气候因素主导的分布规律

我国盐渍土从南到北都有分布，但是大部分盐渍土都分布在北方干旱、半干旱地带和沿海地区。相关研究表明，盐渍土的这种分布规律主要是由气候因素决定的。内陆干旱区盐渍土的分布规律：是干旱地区土表的积盐过程就是蒸发主导的、毛细孔隙水控制的集盐过程。一般情况下，气候越干旱，蒸发越强烈，通过土中毛细水作用带至土表层的盐分也就越多。蒸发量大于降雨量数倍至数十倍干旱地区，土中毛细水上升水流占绝对优势，盐渍土呈大面积分布。半干旱区盐渍土的分布规律是蒸发量与降水量的比值都大于1，土中毛细水上升水流总体上占优势，在蒸降比较大的情况下，地下水中的可溶性盐类也会逐渐汇集在地表。这类地区土盐渍化程度受地下水水位高低及其矿化度的影响较大。因此，半干旱地区的盐渍土分布不连续，面积相对干旱地区来说也比较小。滨海区盐渍土的分布规律是其中的盐分主要来自海水，海水通过地下水倒灌，然后经蒸发及土的毛细水作用积聚于地表，通过风力等因素将海水直接带至土中，海水中的盐分经蒸发滞留在地表。对于滨海地区盐渍土的分布，一般低洼地区的盐渍化较严重，且离海域越远，盐分积聚越少。另外，滨海地区的降雨一般也较多，雨季盐分随地下水以下行为主，土壤脱盐；当旱季来临时，由于雨季抬升了地下水位，地表盐分积聚会非常快，形成大部分滨海盐渍土地区脱盐、积盐交替的特点。

3.5　次生盐渍土的分布规律

土壤次生盐碱化，一般是指由于人为活动不当，引起自然条件的变化，促使土体发生盐分累积，会使原来的好地变成盐碱地，或使原来的盐碱地盐碱程度加重。发生图样次生盐碱化的原因是多方面的，第一是排水受阻截、灌排不配套。在修建水利工程时，如果灌溉除涝缺乏统一规划，就会阻截自然流势和排水出路。例如，排水河道为蓄水堵坝及灌溉渠系所堵截，分洪减河、灌渠以及公路等阻截田间沥水等，都会使沥水不能及时排泄，从而加重土壤的盐碱化。盐碱或易碱地区发展渠灌时，如果没有同时修建排水系统，往往灌后会抬高地下水位，发生次生盐碱化。第二是平原蓄水失当。利用洼淀修筑平原水库，引水蓄水，如果水位高出地面，渗漏严重，又没有截渗排水设施，就容易抬高平原水库或洼淀周边的地下水位，使盐碱地扩展加重。利用排水沟渠蓄水灌溉，如果蓄水位过高，接近地面，时间过长，沟渠两侧土地也会出现涸碱现象。尤其在蓄水干沟下游低洼地区最容易涸碱，其影响范围一侧可达三四百米。第三是渠道渗漏、大水漫灌。渠道渗漏，使灌渠两侧地下水位急剧升高，造成涸碱范围多沿渠道呈带状分布。渠道渗漏影响范围会由于渠道大小、过水时间长短、土质的差异、地形部位等不同而有所不同。据观测，一般斗渠在 20～80 m，支渠在 60～120 m，干渠在 100～300 m，甚至 400～500 m。渠道水位越高，过水时间越长，影响范围也越大。在这一范围内，越近渠道地下水越浅，盐碱化也越严重。渠道渗漏的原因除平原土壤透水性强外，主要包括以下几个方面：①干渠、分干渠控制面积过大，渠道设计流量和断面同控制面积又不适应，延长了输水时间；②如果渠道缺少退水设施，遇雨或停灌时，渠内余水无法排除，会加大对地下水的渗漏补给；③在土地不平、渠系配套不完善的地方，很容易形成大水漫灌，如果多次大水漫灌，使地下水位超过了临界深度，就会促使或加重土壤盐碱化。第四是无计划地种稻。种植水稻引起次生盐碱化的原因如下：①种稻时渠道长期输水，灌区没有排水系统，灌后无退水出路，地下水位抬高；②缺乏全面规划，水稻与旱作插花种植，水旱田交界处无截渗措施，造成附近旱田发生次生盐碱化；③在无排水的条件下，稻田的地下水抬高，一旦由种水稻改为旱作，蒸发加剧，盐分便在地表累积。第五是耕作管理粗放。灌区土地不平，容易引起返盐。人们常说"高地旱，低地淹，二坡地上溜成碱"，原因是低地灌水后坡地蒸发强烈，降雨及涨水在坡地上又容易溜走，无法洗盐，而且养分容易流失，盐碱就在坡地聚积。在小地形局部高起处，尤其是浇不上水的地方，最容易形成盐斑。

次生盐渍土主要分布在干旱和半干旱的农业生产地区，这一规律主要是由人类活动（如不合理的灌溉）等引起的。例如，内蒙古河套灌区、宁夏银川灌区、山西汾河流域的灌区等，都有灌溉不当而抬高地下水位，导致土地次生盐渍化发生的例子，究其原因，无非都是无节制的灌水、灌水量太大、灌溉渠道渗漏及其他管理工作不善等因素引起的。另外，在内蒙古等某些过度放牧的地区也有次生盐渍土的分布。

第4章　土壤水盐运动

4.1　水盐运动的主要影响因素

　　所谓水盐运动，指的是溶解于地下水或土壤水中的盐分随水运移的状况。水盐运动是水的压力差或溶液浓度差的作用所致。在蒸发作用下，土壤水或地下水把盐分积聚在地表，灌溉或冲洗又把盐分带到土层深部或排出区域之外。研究水盐运动规律，可掌握田间土壤和地下水盐动态变化，制定相应的控制措施，达到改造利用盐碱地和防治次生盐渍化的目的。以华北地区的水盐运动为例，华北地区春秋季降水相对较少，盐分随水分蒸发回到土壤表层；夏季气温高、降水多，雨水对土壤冲刷大，又将盐分冲入土壤深处；而冬季气温低、蒸发弱，盐分相对稳定。所以，华北地区形成了春秋返盐、夏季淋盐、冬季盐分相对稳定的水盐运动特征。关于盐碱的来源，可以分为三种类型，即平原土壤盐碱、内陆土壤盐碱以及滨海地区盐碱。河北平原土壤中的盐碱来源于黄土及山地岩石风化物，黄土及岩石风化物中所含的盐分经雨水溶解后，随地面、地下径流运动，有的随河流沉积物积存于土壤母质，有的汇集于地下水中，有的随河水或地下水流入大海。内陆盐碱地的盐分是从土壤母质和地下水中带来的。因为在降雨入渗过程中，把土壤或成土母质中的盐分带到地下水里，而地下水在运动过程中，也能溶解岩石或成土母质中的盐分[①]。在地下水径流缓滞的地带，盐分易于汇集，矿化度增高，在强烈蒸发影响下，土壤母质和地下水中的盐分向表土聚积，形成盐碱地。滨海地区本是海退地，土质中残留的海水的盐分以及海水的侵袭是盐碱的主要来源。海水频繁的涨潮、落潮及每隔1 015年一次的大海潮，都会使海水中的盐分直接为土壤吸附，并补给地下水。河流入海口处如果没有建挡潮闸，涨潮时还可以把海水倒灌河流，也会提高河水矿化度。海河治理前有时在海水回潮时矿化度能由

---

① 张蕾娜，冯永军，张红.滨海盐渍土水盐运移影响因素研究[J].山东农业大学学报（自然科学版），2001（1）:55-58.

原来的 0.8 ～ 1.0 g/L 增至 7.2 g/L，回潮影响达 30 ～ 40 km。在海潮影响（海拔 2 ～ 3 m 以下）范围内，地下水矿化度高达 50 ～ 150 g/L，土壤含盐量高达 5% 左右。只受大海潮影响（海拔 2.5 ～ 3.5 m）的范围内，因一定时期摆脱了海水影响，受雨水淋洗，地下水矿化度约 40 g/L，土壤含盐量为 0.6% ～ 1%。靠近内陆平原，海拔为 3 ～ 5 m 的地区已脱离海潮影响，由于多年雨水淋洗，土壤含盐多为 0.2% ～ 0.5%，大部分已垦为农田。这就充分说明滨海盐碱地盐分的来源主要是海水。

在了解水盐运动中的盐碱来源之后，我们便可探讨盐碱的影响因素。盐碱的影响因素有很多，如气候、地形、土壤、水文地质条件、灌溉排水和农业技术措施等。不同的影响因素之间既可以独立影响水盐运动，又相互作用。下面逐一进行介绍。

4.1.1　地形影响

地形的高低起伏影响地面、地下经流的运动，土壤中的盐分也就随之发生迁移和累积。河北平原可分成山麓平原、冲积平原和滨海平原。在冲积平原和滨海平原，历史上河流泛滥和摆动，交互沉积，使平原呈现岗坡洼相间的微度起伏地形，有较高的老河床缓岗（高上地）、微度倾斜的平地（二坡地）以及各种洼地，形成平原"大平小不平"的地形特点。群众对盐碱地在地形上的分布规律概括为"高中洼、洼中高"。总的说来，由于盐分随地面、地下运流由高处向低处汇集，盐碱化状况也就从高处到低处逐渐加重。但从小地形看，在低洼地局部高起处，积盐很重，往往形成盐斑。山麓平原，地面坡度较陡，自然排水通畅，土壤不发生盐碱化。冲积平原的缓岗，地形相对较高，一般没有盐碱化威胁。冲积平原的微斜平地，排水不畅，土壤容易发生盐碱化，但是一般程度较轻，而洼地及其边缘的坡地或二坡地，则分布着较多盐碱地，而且程度较重。滨海平原，排水条件更差，又受海潮影响，盐碱大量聚积，盐碱程度更重。由于各种盐分溶解度不同（如氯化物大于硫酸盐，硫酸盐大于重碳酸盐），溶解度大的盐分被地面、地下运流携带得就远，反之则近。所以，由山麓平原、冲积平原到滨海平原，土壤和地下水的盐质，也由重碳酸盐、硫酸盐逐渐过渡到氯化物。洼地是水盐汇集的中心，一般积水时间较长的洼地中心，由于淡水的淋洗，盐碱较轻，有的黏质土没有盐碱化；洼地边缘或洼中高地，蒸发强烈，盐碱较重；比洼地边缘又高起的微斜平地，地下水较深，盐碱又相对较轻。一般洼地越封闭，积水越久，洼地附近盐碱越重。古河床形成的槽状洼地，有时形成断续的封闭小洼，降雨积涝难消，只靠蒸发，土质又多沙壤土，使洼地大量积盐。小地形也影响土壤中盐分的重新分配。

在洼地的局部高起处，由于干燥蒸发较快，盐分又可随水分由低处移到高处，且局部高起处因蒸发强烈，盐分向高处累积而形成盐斑。在耕地里，垄背的含盐量也较垄沟里多。

4.1.2 河流影响

河流对水盐运动的影响，主要是地上河或季节性的河水补给地下水，引起地面水和地下水的变化，从而造成土壤盐分的累积。地上河水面经常高出地面，也有些河道在汛期行洪时水位很高，这些都会造成河水大量补给地下水，既成为地下水盐分的补给来源，又直接抬高河道两侧地下水位，使土壤发生盐碱化。人们常说："河涸三里"，就是指河水对地下水补给的巨大影响。尤其是夹河洼地及河流转弯处的相对洼地土壤积盐很重，多形成盐碱荒地。有的河流的一些河段是地下河，在枯水时期可以排出地下水，促使河道两侧土壤脱盐。例如，河北省的滏阳河在上游邯郸、磁县一带，流经山麓平原，河槽深，排水好，不泛滥，不涸碱，在流经衡水地区时，虽然当地盐碱地较多，但因阳河河槽深 6 m，沿河两侧也很少有盐碱化现象。

4.1.3 土壤质地影响

土壤质地及其结构会影响土壤水分的物理特性，它直接关系土壤水盐的垂直（即上下）运动。河北平原土壤的质地主要分为砂质、壤质、胶泥（即黏质）及在砂质或壤质中夹有胶泥层四种。土壤质地的砂黏、土壤的孔隙（即土壤颗粒间的小孔）状况、毛管孔隙及非毛管孔隙的多少，对土壤水盐上下运动具有重要的影响。土壤水分上行，主要是借土壤毛管向上运动。胶泥的毛管孔多于壤质土，故一般认为胶泥毛管水上升得高，但实际上河北平原的胶泥有相当的结构，有较大的裂隙，非毛管孔隙多，并不利于水分上行。而且胶泥本身颗粒细，毛管孔隙虽多，但是毛管的内径过小，反而阻碍了水分向上运行的速度，往往造成毛管上升水流补给速度小于地表蒸发的速度，而形成毛管上升水流中断的现象。而壤质土毛管孔隙虽较胶泥少，但孔隙内径较大，便于水分上行。因此，壤质土比黏质土易于返盐。由于胶泥毛管上升水流易于中断，地下水不能及时补给，表层形成干土层。胶泥这种易旱不耐旱的特点，也利于抑制土壤返盐。据在野外观测，在地下水为 1.33 m 时，薄层轻壤下为厚层胶泥，毛管水上升高度在 0.95 m，距地表还有 0.38 m，而当沙壤土地下水为 1.85 m 时，毛管水可上达地表，这正是壤质土易于返盐的原因。一般认为胶泥渗透性差，但河北平原的胶泥，由于干湿交替及一冻一化的影响，形成了较多的裂隙，所以它的渗透性反而大于壤质土。据野外实测，犁底层为轻壤土，鳞片状结构，不利于渗水，其渗透系数（即150～250 min内水层下渗厚度）仅0.12 mm/min，心、底土为没有结构或结构很差的紧砂土，渗透系数最小，为0.04～0.08 mm/min，而核状、块状、大棱块状及大块状胶泥的渗透系数均大于轻壤、沙壤土，分别为0.30～0.36 mm/min、0.53～0.81 mm/min、1.0～1.7 mm/min、2.0～2.07 mm/min。因为胶泥的渗透性大，所以在降雨及灌水时水分下渗快，反而有利于表层盐分下淋，但在土壤结构内部，当细小的毛管孔隙含盐量高时，又不易淋盐。此外，在壤质土中夹有胶泥，也会影响水分向上运输。据实测，胶泥房一般厚10 cm就可以抑制水分上升，一般胶泥层越厚，出现部位越高，其阻止水分上升作用就越大，反之则小。如果在壤质土的20～30 cm左右，夹有30～50 cm厚的胶泥，就可以适当阻止水盐上行，不易返盐。土壤质地虽然对土壤水盐运动有一定的影响，但这是在一定地下水条件下来说的。如果地下水很浅，矿化度又高，那么即便是胶泥，也可以形成盐碱地；反之，如果地下水很深，矿化度又低，即便是壤质土也不会形成盐碱化。土壤质地可以影响水分的运输，影响土壤的含盐状况，但土壤含盐状况又反过来影响水分运输。例如，土壤含盐多时，能促进土壤颗粒分散，减少胶泥层的干裂，减低土壤的透水性，大棱块状胶泥底土层含盐量为0.5%以上的，较含盐量为0.15%左右的渗透系数可减小一半。

4.1.4　地下水影响

一般地下水越浅，蒸发作用越强，地表积盐越重。据河北、山东有关科研单位的地下水蒸发观测资料证实，地下水埋深在2 m时，蒸发量较小，而在1.5 m时蒸发量超过2 m时的2～3倍。因此，在地下水矿化度和土壤质地基本相同的情况下，地下水埋藏越浅，土壤积盐越重。即使地下水矿化度较低，如地下水埋藏浅时，地下水因蒸发进入土壤中的水分较多，也会携带较多的盐分，使土壤积盐。例如，地下水矿化度在2～8 g/L左右，地下水埋深在1 m左右，即使在夹胶泥的轻壤质土条件下，土壤仍会发生积盐。而当地下水埋藏在1.9 m，达到了不致因蒸发而使土壤积盐的深度时，土壤才不发生盐碱化。因此，地下水埋藏的深浅是土壤是否发生盐碱化的一个决定性条件。地下水的矿化度对土壤积盐也有很大关系，一般在埋深和土壤质地基本相同的情况下，地下水矿化度越高，地下水向土壤中补给的盐分就越多，土壤积盐越重，即使地下水埋藏较深，蒸发量较少，因其矿化度高，随毛管水进入土壤的盐量也较大。当地下水矿化度在10～15 g/L时，如果沙壤土条件下，地下水埋深在2.8 m，土壤仍会发生积盐。在河北省黑龙港流域一些地区（如衡水地区的深州市南部、衡水、武邑等地），高矿化度5 g/L以上，地下水分布面积较广，是这些地区盐碱化较为严重的一个重要原因。据深州市龙治河流域 128 km² 范围内的调查，矿化度在 5～10 g/L、10～20 g/L 的浅层地下水面积约占 52%，这一地区盐碱地面积达 30% 以上。

由于气候的影响，地下水的埋深和矿化度是有季节变化的，这必然会影响土壤的水盐运动状况。在每年雨季（7、8 月）降雨集中时，可以大量补给地下水，地下水位可较旱季升高 1～12 m，地形越封闭，地下运流越缓滞，其上升幅度越大。甚至原来埋藏较深的地下水位，也能上升到引起土壤返盐的深度。降雨下渗，可使土壤发生季节性脱盐，而使雨水矿化后补给地下水，由于降雨补给量大，这一部分水一般低于原来的地下水矿化度。但雨季一过，随着蒸发增强，地下水位逐渐下降，盐分又逐渐返回地表，地下水也逐渐减少。据长期定位观测资料分析，在自然状况下，一般在十一月至次年春季，地下水埋深，矿化度及土壤含盐量又趋向于恢复原状。上述说明土壤及地下水的含盐状况，实际上是在不同旱涝年份及每年季节性变化的影响下，土壤和地下水的水盐相互补充、相互作用的结果，是长期历史过程形成的一种水盐平衡。当地下水的条件能够使地下水盐不断补充土壤水盐时，土壤就开始往积盐的方向发展。一旦改变了地下水条件，如切断或大量减少地下水盐对土壤水盐的补给，便会打破原来的水盐平衡，使土壤从积盐向脱盐的方向转化。判断地下水埋深是否影响土壤盐碱化的标志叫临界深度。临界深度就是旱季不致引起土壤盐碱化、作物不受盐害的最浅的地下水埋藏深度。如果地下水埋藏浅于临界深度，土壤就会发生盐碱化。地下水临界深度受气候、土壤、地下水矿化度及地下运流通畅情况等自然因素和排水灌溉、耕作施肥等人为活动的综合影响，它不是一个一成不变的数值。但在一定的条件下，临界深度是可以确定的。土壤质地不同，其毛管水上升高度不同，其地下水临界深度也不一样。但是，确定地下水临界深度，不能单纯按毛管水上升高度来考虑。因为在强烈蒸发条件下，经常会发生毛管水断裂，而同地下水连通的土壤毛管水强烈影响带才对土壤积盐起主要作用。例如，地下水埋深为 1.2 m 的胶泥地，毛管上升高度可达 0.8～10.9 m，而毛管水的强烈影响带则为 0.6～10.7 m。

确定地下水临界深度还需要考虑地下水矿化度的影响。在一定时间内，矿化度不同，土壤积盐也不同。当地下水矿化度低于 0.5 g/L 时，对土壤积盐作用很小，其临界深度可以浅些，地下水矿化度愈高，土壤表层积盐愈多，则临界深度要求愈深。例如，轻壤质土中，当地下水矿化度为 1～13 g/L 时，地下水埋深在 1.8～12.1 m，还不致引起盐碱化；当地下水矿化度达到 10～115 g/L 时，地下水埋深在 2.8 m，表土仍然积盐。雨季是土壤的季节性脱盐阶段，这时沥涝是主要矛盾，对地下水埋藏深度的要求，不是考虑临界深度，而是要保证作物的土壤保持良好的通气、透水性能。至于稻田，在水稻生长期间，因保持淹灌水层，不会发生返盐。但是，在雨季过后或稻田停水之后，仍要求地下水位逐渐回降到临界深度以下，才能防止返盐。根据河北平原的自然条件及一般耕作施肥水平，通过调查观测及有关资料的分析，将河北平原的地下水临界深度进行归纳，见表2-2，以供参考。

表4-1　河北平原地下水临界深度

地下水矿化度 /（g·L⁻¹）	地下水临界深度 /m		
	轻壤土	轻壤夹胶泥	胶　泥
1～3	1.8～2.1	1.5～1.8	1.0～1.2
3～5	2.1～2.3	1.8～2.0	
5～8	2.3～2.6	2.1～2.2	1.2～1.4
8～10	2.6～2.8	2.2～2.4	

4.2　不同气候条件下的水盐运动规律

4.2.1　干旱积盐

据多年气象资料，河北平原年平均蒸发量（1 800～2 000 mm）为年平均降雨量（500 mm左右）的3～4倍。尤其在多风少雨的春季，三至六月的月平均蒸发量大于降雨量的6～10倍。每年除七、八月雨量集中外，其他季节都较干旱，土壤表层水分不断蒸发，土层中产生了由下往上的毛细管水流运动，盐分也随水分被带上来，水分蒸发散失，盐分积聚地表，就会形成盐碱地。这就是群众说的"水化气升，气散盐存"。

4.2.2　涝碱相随

河北平原七、八月的雨量占年雨量的70%。历史上由于河道淤浅，上大下小，又多封闭洼地，一遇暴雨，往往洪涝成灾。洪水沥水会把平原地区的盐碱冲刷、汇集到低洼地区，同时洪水沥水抬高了地下水位，造成了土壤返盐的条件，使盐碱地扩大或加重。所以，人们常说："大涝之后有大碱"。

4.2.3　季节性积盐与脱盐

春季蒸发强烈，土壤表层盐分大量积累，到雨季盐分受降雨的淋洗从表土往下移动，土壤表层发生脱盐；但雨季过后，随着蒸发的逐渐增强，土壤又开始了下一周期的积盐。谚语"春季升，夏季煞，秋末冬初慢慢爬。"就是这个道理。土壤盐分的年变化大致可分为五个阶段：3—4 月强烈积累，5—6 月平缓上升，7—8月迅速下淋，9—10 月缓慢上升，11 月到次年 2 月变化滞缓。

降雨的大小会对盐碱产生一定的影响。俗话说："大雨压碱，小雨勾碱"，一次 30 mm 以上的降雨可以把表土盐碱淋到下面，减少盐碱对作物的危害，但是在春季，小雨常常降不足 10 mm，只能湿润土壤表层，恰恰把盐追到小苗根部，而且小雨后继续干旱，水分大量蒸发，表土下层的盐分也随水升到地表，容易引起盐碱危害。此外，土壤盐分变化与气候也有关系，南坡土壤温度高，水分蒸发和空气乱流较北坡强烈，故南坡返盐较早且重；有植被覆盖的地方比裸地温度低湿度大，风速减缓，蒸发降低，故返盐轻。

4.3　土壤冻融过程中的水盐动态

在土壤正冻、已冻和正融过程中，随着水分的迁移，溶质也发生了迁移，导致局部盐分聚集，引发盐胀和盐渍化等灾害。含盐土的冻结试验揭示，土体自上而下冻结过程中，水分和盐分自下而上迁移，含盐量的增量受冷却速度、地下水位、初始和补给溶液浓度和初始干密度控制。干寒地区春融期地表泛盐和最大季节冻结深度以上某个层位出现盐分的高浓度带，正是由于冬季土层冻结和春融期地表蒸发过程中水分自下而上迁移，诱发盐分两次抬升形成的。同时，由于不断发育的冻层具有越来越大的阻隔作用，盐分表聚速度减慢。中国北方处于季节性冻土区，在冻结过程中，由于受温差的影响，矿质化的潜水不断向冻土层迁移积累，使冻土层含水量呈超饱和状态，同时盐分伴随水分累积于冻土中，处于积盐状态，在消融期，土壤又进入释水返盐阶段。冻融季土壤中水盐的特殊运动规律和再分配特性是土壤盐渍化发生、发展和演变的重要因素，也是干旱区土壤水分转换与储水保墒的主要机制[①]。对于冻融期非饱和带土壤水—地下水运动属于垂向

---

① 张立新,韩文玉,顾同欣.冻融过程对景电灌区草窝滩盆地土壤水盐动态的影响[J].冰川冻土,2003（3）:297-302.

蒸发—入渗补给型的灌区（河套灌区），把握其垂向土壤冻融过程的水盐分布特征是研究季节性冻土水盐迁移规律的关键。对冻融期土壤水盐空间变异性的研究是揭示冻土水盐迁移规律的主要内容。相对于非冻土而言，冻土由于土壤冻融过程的影响和大孔隙冻结冰体的存在，使土壤水盐运移和分布规律十分复杂，空间变异性要远远大于非冻土。

4.3.1　冻融作用对水盐迁移动力的影响

除重力水之外，土中各种水都受到土壤颗粒表面能的作用，或者说受到毛细力和吸附力的作用，使土中水具有不同的能量状态，这种能量状态可用土水势的概念来表征。假设土水体系中液态水的密度为1，则土水势等于平衡状态下的孔隙水压力或负压，考虑孔隙水密度的变化，可用下式表述土水势的概念：

$$\psi_w = P_w / \rho_w \qquad (4.1)$$

式中：ψ_w 为综合土水势；P_w 为土水体系中的孔隙水压力或负压；ρ_w 为液态水的密度。

土水势的数值与土壤中的孔隙水含量密切相关，随着土中含水量的减小，土水势（或更确切地说负压）增大，二者之间的关系可用土壤水分特征曲线来表示。非饱和未冻土中孔隙水的压力状态与已冻土中相应的未冻水含量下的压力状态基本上是相似的。通过土水势和未冻水的概念，可以建立冻融过程与水盐驱动力的关系。未冻水是土壤冻结和融化过程中的一个重要概念，在一定的土质条件下，冻土中未冻水含量是温度的函数，可用下列形式表示：

$$W_u = A|T|B \qquad (4.2)$$

式中：W_u 为未冻水含量（%）；T 为温度（℃）；A、B 为与土质有关的参数。

作为温度函数的未冻水是冻土中水分迁移的液态水来源和通道，而土水势梯度是水分迁移的动力，因此温度、未冻水含量和土水势可看作冻土中水分迁移的三大基本要素。通过土水势与含水量之间的关系以及未冻水含量和温度之间的关系，土壤冻结以后，土水势与未冻水含量和温度之间有以下关系：

$$\psi_w = C W_u D \qquad (4.3)$$

式中：ψ_w 为土水势；D 为与土质等因素有关的综合参数。

结合 $W_u = A|T|B$，得到 $\psi = E|T|F$，可以计算土壤冻结状态下对应不同温度的土水势值。下面利用一些经验参数，对观测场次生盐渍化、土壤冻融两种状态下垂直剖面的土水势分布特征进行计算比较，从中可以看出冻融作用对土壤水盐迁移动力的影响。先来分析观测场次生盐渍化土壤未冻水含量随温度的变化关系，以确定式 $W_u = A|T|B$ 中的 A、B 参数。未冻水含量测试选取了1998年11月17日次生盐渍化土壤原始集中取样区的一个剖面，取样时土壤处于融化状态。样品采集深

度分别为 5 cm、15 cm、25 cm、35 cm、45 cm、60 cm 和 85 cm。土壤含水量和含盐量剖面分析结果见表 4-2。

表4-2　背景剖面各层代表样品含水量和含盐量分析

层　号	深　度 / cm	含水量 /%	含盐量 /%
L_1	5	15.55	2.79
L_2	15	16.90	0.89
L_3	25	19.00	0.94
L_4	35	20.92	0.76
L_5	45	24.42	0.87
L_6	60	24.87	0.51
L_7	85	24.84	0.44

针对各层代表样品，采用核磁共振仪测定其冻结过程中未冻水含量与温度的关系，确定了式 $W=A|T|B$ 中的 A、B 参数，计算了冻结温度。对应各层样品的 A、B 参数及冻结温度见表 4-3。

表4-3　样品对应式 $W_u=A|T|B$ 中的 A、B 参数及冻结温度

层　号	深　度 /cm	A	B	冻结温度 /℃
L_1	5	148.763	−0.984	−9.935
L_2	15	40.160	−0.758	−3.133
L_3	25	27.938	−0.721	−1.707
L_4	35	19.419	−0.686	−0.897
L_5	45	16.060	−0.657	−0.528
L_6	60	16.075	−0.648	−0.510
L_7	85	16.107	−0.648	−0.512

以此剖面的水盐分布作为背景资料，依据各层测得的冻结温度（T），可以推断背景剖面冻结深度范围应为 20～55 cm，即上部虽然温度较低，但由于含盐量大、含水量小，对应的冻结温度偏低，有 20 cm 处于未冻结状态，55 cm 以下受盐分和地热影响，也处于未冻状态。由于土壤中盐分种类复杂、空间分布不均匀、含水量沿深度剖面差异较大，在未冻水含量与温度关系经验表达式中对应各层的 A、B 参数不尽相同，因此采用分层的办法计算土水势，并区分冻融两种状态，保证计算更接近实际情况。实测结果的分析表明，土水势与含水量之间的关系可简

单地表达为

$$\psi_w = aWb \tag{4.4}$$

式中：W 为含水量（%）；a、b 为与土质等因素有关的综合参数。

对各层融化状态下实测的土水势数值按上式回归分析后，得到参数 a 与 b 的值（表4-4）。

表4-4　对应各层土水势值及式 $\psi_w = aWb$ 中 a、b 参数表

层　号	深　度 /cm	土水势 /kPa	a	b
L_1	5	−1 541.92	8.90×10^7	− 4.00
L_2	15	−822.35	8.90×10^7	− 4.10
L_3	25	−572.34	8.90×10^7	− 4.06
L_4	35	−354.87	3.70×10^7	− 3.80
L_5	45	−224.50	5.80×10^7	− 3.90
L_6	60	−139.18	2.80×10^7	− 3.80
L_7	85	−93.04	9.80×10^6	− 3.60

显然，式 $\psi_w = E|T|F$ 中的参数 E 和 F 分别为 a 与 A 的乘积和 b 与 B 的乘积。据表 4-4 中的值，可计算出各层对应的参数 E、F 的值（表 4-5）。

表4-5　对应各层式 $\psi_w = E|T|F$ 中 E、F 参数表

层　号	深　度 /cm	E	F
L_1	5	1.324×10^{10}	3.936
L_2	15	3.574×10^9	3.108
L_3	25	2.486×10^9	2.927
L_4	35	7.185×10^8	2.607
L_5	45	9.315×10^8	2.562
L_6	60	4.501×10^8	2.462
L_7	85	1.578×10^8	2.333

依据表 4-5 中的参数，L_1 层位于地面以下 5 cm，未冻结，如果在无相变的前提下不考虑温度的影响，则该层的土水势值应等于未冻状态下的实测值；L_2、L_6 和 L_7 层代表深度为 15 cm、60 cm 和 85 cm，未冻结，同 L_1 层一样处理，取未冻状态下的实测值。L_3、L_4、L_5 分别代表深度 25 cm、35 cm 和 45 cm，处于冻结土壤范围之内，已有相变发生，其土水势按式 $\psi_w = E|T|F$ 计算，取相应土层的 E、F 参数和对应的地温值。100 cm 范围内，地温与深度的关系为：

$$T = 0.052H - 3.44 \tag{4.5}$$

式中：T 为地温（℃）；H 为深度（cm）。

得到土层 L_3、L_4、L_5 对应的当日地温分别为 -2.14 ℃、-1.62 ℃和 -1.10 ℃。将地温值代入式 $\psi_w = E|T|F$，得出 3 层冻结土壤的土水势值。综合未冻层实测结果，列于表 4-6。

表4-6　土壤冻结前后土水势变化比较

层　号	深　度 /cm	融土土水势 /kPa	冻层土水势 /kPa
L_1	5	$-1\,541.92$	$-1\,541.92$
L_2	15	-822.35	-822.35
L_3	25	-572.34	-2.30×10^{10}
L_4	35	-354.87	-8.74×10^9
L_5	45	-224.50	-3.17×10^9
L_6	60	-139.18	-139.18
L_7	85	-93.04	-93.04

从表 4-6 中可以发现，冻层的土水势（负压）绝对值远大于未冻土层，这正是水分向冻土迁移的原动力。冻结过程是一个温度降低的过程，土水势（负压）绝对值逐渐增大；融化过程是一个温度逐渐升高的过程，土水势（负压）绝对值逐渐减小。相同初始含水量的土层，冻土的土水势（负压）绝对值要大于融土。

4.3.2　冻融作用下的地下水入流量

上述提到的冻融过程对迁移动力的影响，尽管只考虑了未冻水含量的减小所引起的土水势的变化，但这种变化的差值足以引起土壤中水盐的重分布，且与下部未冻结土壤之间存在巨大的土水势差异，势必导致水分向冻结部分运动和积聚。影响迁移动力和水盐迁移的因素有很多，远不只含水量（含液量）一个指标，且有些因素或多或少与冻融作用有关，但到目前为止尚未建立起来对冻结和融化过程中水盐迁移原因和过程比较完善可靠的理论解释。其中，薄膜水迁移机制是目前在冻土学研究领域用来解释细粒土在冻结和融化过程中水分迁移以及冰透镜体形成机制的一种比较普遍的看法。在负温范围内，当土壤发生部分冻结，并存在温度梯度时，将形成未冻水含量梯度，在这个梯度作用下，水分将从未冻水含量高的区域向未冻水含量低的区域迁移，迁移速度由正在冻结和融化土层内的土壤导湿系数和未冻水含量梯度决定，或综合地讲，由导湿系数和土水势梯度决定。

作为一个开放系统，事实上，地下水位的变化在某种程度上制约着冻融作用对水盐迁移的影响。观测场土壤以细颗粒为主，属粉质黏土类。据观测资料，冻结期间观测场地下水的入流补给和排泄消耗已趋于平衡，且由于土层封冻，潜水蒸发消耗也变得极小。在此情况下，可将冻结过程开始后的地下水位下降归结为主要由冻结过程中地下水向冻土层迁移的结果；同样，春灌前期地下水位的小幅上升也可归结为主要由土壤融化过程中水分释放补给地下水的结果。通过比较冻结融化不同阶段的土壤水盐剖面可以发现，对应原始取样区，冻结前的含水量剖面受地下水位和强蒸发的控制，呈上小下大分布，含水量沿深度的变化连续，无明显突变点。伴随冻结过程的开始和延续，含水量剖面发生了显著变化，在冻结锋面附近出现明显较高的含水量分布。高含水量土壤层逐渐下移，直到转入融化期，含水量逐渐恢复到冻前状态。在水分受冻融作用影响发生迁移的同时，也带动了盐分的运动，土壤盐分呈现出受冻融作用控制的显著特征，即在冻结锋面附近，含盐量出现异常增大。

综上所述，可以看到土壤冻融过程对土水势、水分迁移量和潜水蒸发量的影响在一定阶段内是相当显著的，它对次生盐渍化发育所起的作用不容忽视。当然，这种影响是十分复杂的，因为我们既发现自上而下的冻结作用加剧了土水势梯度，土水势梯度的加大自然有利于水分的垂直向上运动，同时发现冻结作用大大改变了土壤的构造特征，孔隙被冰晶充填，水分被土颗粒和冰晶共同束缚，运动通道变窄，土壤导湿性能大为减弱，等等。这些情况的出现，不利于水分的垂直运动。但在总体效应上，室内和现场观测都表明，逐步发育的冻结作用，促使地下水在融土段通过毛细作用源源不断地进入冻土带，在进入的同时，也携带了大量的易溶盐分；当土壤融化时，伴随地表蒸发，融化的溶液向地表运动，最终将盐分留在地表。季节冻融作用整体上有利于次生盐渍化的发育，但阶段性比较明显。

4.4 主要灌排措施和农业生物措施对土壤水盐动态的影响

4.4.1 渠灌沟排条件下的水盐动态

1. 利用渠系引水灌溉对土壤水盐动态的影响

利用渠系引水灌溉从灌区以外向灌区内引入大量水盐，破坏了原有灌区的水盐平衡。从表4-7中所列我国几个大型灌区每年引入的水盐可以看出，虽然灌溉水中含盐量一般很小，但如经多年引水灌溉，积累盐量也相当可观，如无有效的排水调节措施，必然会导致灌溉土地的盐渍化。

表4-7　我国几个大型灌区灌溉水引入盐量

灌区名称	灌溉面积 /hm²	年引水总量 / ×10⁴ m³	灌溉水含盐量 / (kg·m⁻³)	引入盐量 / (×10⁴ t·a⁻¹)	灌溉面积上引入盐量 / (kg·hm⁻²·m⁻¹)	灌溉面积上引入盐量 / (kg·hm⁻²·m⁻¹)
山东打渔张引黄灌区	6 553	30 500	0.4	12.2	1 845	1 845
河南人民胜利渠灌区	5 867	32 000	0.4	12.8	2 175	2 175
内蒙古河套灌区	48 000	288 000	0.4	115.2	2 400	2 400

在灌溉过程中，灌溉水对土壤水盐动态产生了如下两个方面的影响：

（1）灌溉入渗水的淋盐作用。我国灌渠大多采用自流灌溉，灌水方法大多采用畦灌、沟灌。灌溉过程中向深层渗漏的水量多超过灌溉水量的30%，有些地区采用大水漫灌，渗漏水量更大。多数情况下，渗漏水能将表土盐分淋向下部土层。

（2）灌溉渗漏水补给土壤水及地下水，抬高地下水位，增强土壤水盐的向上运动。灌溉渗漏水虽然可以起到淋洗土壤的作用，但渗漏水又补给土壤水及地下水，使地下水位升高，水位上升的幅度与入渗水量直接有关。地下水位的抬高增加了土壤水分向上运行的速度及流量，强化了潜水的蒸发，使下层土体和地下水中盐分向上积累的数量增加。如果这一作用强于灌溉和降水的淋盐作用，则会导致表土盐分积累，产生土壤次生盐渍化。

2. 沟排对土壤水盐动态的影响

沟排也称水平排水，通过排水沟将地表或地下水排至排水容泄区，对维持灌溉地区的水盐平衡起着重要作用。1959—1960 年，河南人民胜利渠灌区通过排水沟网排出水量占平衡去水量的 1/5 ～ 1/4。明沟既可以排除渍涝水，又可以控制地下水位，地下水位升高，减少了潜水蒸发，从而减弱了土壤水盐的向上运动和表土累积。

4.4.2 竖井灌排对水盐动态的影响

利用竖井抽取当地地下水进行灌溉，既可以避免从灌区以外引入大量水盐，减少水盐平衡中的收入部分，又可以降低地下水位。这不仅减少了灌后潜水蒸发，还可以加强灌溉过程中渗漏水的淋盐作用。因此，在竖井灌排的作用下，土壤的脱盐过程占据优势地位。河南省封丘县于1964—1972年利用竖井灌溉，地下水位逐渐下移，土体中盐分逐年下降。内蒙古自治区河套长胜试验区1977—1979年连续三年的秋灌以井灌代替渠灌，封冻前地下水位逐年明显下降，使表土返盐大大减轻，典型地段1977年春播出全苗的土地面积只有47.5%，而1979年增加到81.5%。竖井灌溉还可以在雨季前腾出较大的地下"库容"，既能增加降雨的入渗量、减少地面径流、提高雨水的有效利用率，又可增加降雨的淋盐作用、减轻沥涝灾害、削弱由于沥涝而产生的土壤返盐现象[①]。

4.4.3 种稻条件下的水盐动态

盐渍土区种植水稻，稻田长期淹水的特点使土壤和地下水发生与旱地明显不同的水盐动态。种稻过程中，由于田面经常保持灌溉水层，压抑土壤及地下水中的盐分不会向上累积，稻田总灌水量的很大部分消耗于渗漏，这些下渗淡水淋洗土壤的盐分，使土壤逐渐脱盐，其脱盐程度随着下渗水数量及种稻淋洗时间而增加。一般盐土经种稻一年都能使30～50 cm土体的含量淋洗至2～3 g·kg⁻¹以下，以后随着种稻年限的增加，脱盐程度逐年增加。种稻过程的水盐动态，一方面受稻田淹灌时间和渗漏水量的影响，另一方面取决于排水条件。在地下径流滞缓又无人工排水的地区，种稻灌水只能起压盐作用，在种稻过程中表层土壤盐分被淋至下层，下层土体则很难脱盐。

在盐渍土种稻过程中，随着土壤含盐量的减少，盐分的化学组成亦发生了变化。当滨海盐渍土含盐量超过4 g·kg⁻¹时，一般阴离子以Cl^-为主，阳离子以Na^+为主。随着土壤含盐量的降低，Cl^-及Na^+迅速减少，SO_4^{2-}及Mg^{2+}亦显著减少，而HCO_3^-与Ca^{2+}变化较少；当含盐量小于2 g·kg⁻¹时，HCO_3^-超过Cl^-及SO_4^{2-}的含量。在新疆阿克苏沙井子农垦一团场稻田中观测到同样的变化：在苏打盐渍土地区种植水稻，可大大降低土壤中苏打的含量，使土壤pH下降。在吉林省郭前旗灌区苏打盐渍土种稻过程中观测到：1955年种稻前土壤表层含盐量为1.7 g·kg⁻¹，30 cm

---

① 杨鹏年，周金龙，崔新跃.内陆干旱区竖井灌排下土壤盐分的运移特征——以哈密盆地为例[J].水土保持研究,2008（2）:148-150.

土层含盐 2.8 g·kg⁻¹，1 m 深度内平均为 2.7 g·kg⁻¹，盐分组成以苏打为主，1 m 土层的 pH 平均达 10，经种稻 4 年后，表土盐分下降为 1.0 g·kg⁻¹，1 m 土层下降为 1.6 g·kg⁻¹，重碳酸钠下降最多，碳酸钠已在剖面中全部消失，全剖面 pH 下降为 7.5。

在种稻初期，下渗水溶解土体中的盐分，变成矿化度较高的溶液补给地下水，随着土壤盐分的减少，下渗淡水在原来的高矿化地下水之上叠加而形成淡水层。在有人工排水措施的情况下，由于稻田淹水形成较高水头，淡水可将原高矿化地下水挤压到排水沟中排除，从而使淡水层的厚度逐渐增加。在无排水或排水沟深度很浅时，所形成的淡水层很薄，很快消耗于蒸发，使地表返盐。淡水层的形成可削弱稻田旱季土壤的返盐。水稻转为旱作后土壤及地下水的水盐动态，主要决定于种稻期间土壤脱盐程度和所形成的地下水淡水层厚度，以及旱作期对地下水位的有效控制。在种稻过程中，如果地下水位以上的土体脱盐已使土壤含盐量达到 2～3 g·kg⁻¹ 以下，并形成了一定厚度的地下水浅水层，则转为旱作后，耕层土壤不会很快有过多的盐分累积，否则易于发生返盐现象。种稻过程中所形成的淡水层在转入旱作后，可因蒸发而逐渐消耗，又因灌溉及降雨得到补给。在全年中，如果蒸发、蒸腾所消耗的地下水淡水层厚度大于灌溉及雨水渗漏补给的淡水层厚度，则淡水层厚度减少，反之则增厚。影响地下水蒸发及淡水入渗的主要因素是土壤质地、结构及植被条件和地下水位埋深。在河北省芦台农场黏质土小麦田中多年的观测表明：从雨季后到第二年的雨季前（7 月），地下水淡水层消耗，而在春灌及接连而来的雨季中，地下淡水层的厚度增加。

4.4.4　土壤耕层熟化和地表覆盖对土壤水盐动态的影响

采用增施有机肥料、合理轮作倒茬、适时耕耙、种植绿肥等措施，一方面可以熟化表土，使土壤具有良好的结构性，增加土壤非毛管孔隙的数量；另一方面可以覆盖地面，抑制和减少土壤蒸发，减少盐分向上运移，同时可以减少地面径流增加降雨入渗，起到加强淋盐的作用。

1. 抑制土壤返盐的作用

熟化土壤大团聚体和大孔隙较多，既能削弱毛管的蒸发作用，减少土壤水分蒸发强度，又能促进热量的对流和水汽的涡流运动，因此表土水分蒸发较快，往往能在表面几厘米形成干燥覆盖层，切断与下面土体的毛管联系，从而减少下层土体的水分蒸发。我们在苏北滨海地区的田间实验资料说明，在旱季，10 cm 土壤深处的水分吸力，都是熟化程度高者大于熟化程度低者，25 cm 和 50 cm 深处的土壤水分吸力则相反。0～20 cm 土层的平均含盐量在年内的变化，因土层的熟化度和熟化土层厚度的不同而异。在熟化程度较高的地区，旱季土壤表层盐分上升的幅度远比熟化程度低的要小，而相同熟化度不同熟化层厚度的比较也有差异，但差异较小，这说明土壤熟化度对抑制盐的作用较之厚度的影响更大。植物覆盖的作用主要在于减少地表蒸发，抑制土壤水盐向上运移。据苏北新洋试验站的观测，在种植绿肥的地块中，表土含氮盐量由 1963 年 11 月的 0.64 g·kg^{-1}，降至 1964 年 4 月的 0.15 g·kg^{-1}；而不种绿肥的冬闲地中，表土含氮量由 1963 年 11 月的 0.42 g·kg^{-1} 升至 1964 年 4 月的 0.93 g·kg^{-1}。据 1965 河南封丘县盛水源村进行的试验，在种植翻压夏绿肥田菁的土地中，表土的含盐量也低于不种田菁的地块。

2. 促进降雨淋盐的作用

据我们在苏北滨海地区的试验观测，熟化土层的厚度对土壤的淋洗深度有较大的影响，据报道，熟化土层厚度为 20 cm 者，无论熟化程度的高低，淋盐深度都大于 1 m；厚度为 15 cm，熟化程度高者淋盐深度也大于 1 m；厚度为 10 cm 者，深度可达 80 cm 左右。从淋盐量来看，熟化度高者比熟化度低者大。植物覆被促进淋盐的作用，是由于植物地上部分可拦蓄地面径流，而地下密集的根系可显著增加土壤结构和大孔隙率，从而加大土壤的透水性，增加降雨的入渗。因此，无论种植冬绿肥还是夏绿肥，均可大大促进降雨的淋盐作用。

3. 降低土壤碱度的作用

种植和翻压绿肥，绿肥体和根茬在微生物作用下分解，产生各种有机酸，对土壤碱度起到一定的中和作用。据我们在河南省封丘县西大村的试验结果，种植绿肥，可使 0～10 cm 土层的 pH 下降 1 个单位以上、碱化度下降 20% 以上，并使苏打消失，钙、镁离子则显著增加（表 4-8）。

表4-8 种植并翻压绿肥对瓦碱土化学性质的影响

处　理	取样深度 /cm	pH（1∶1水土比浸提液）	全盐 /（g·kg⁻¹）	离子组成/（mmol·kg⁻¹（土））							碱化度/%
				CO_3^-	HCO_3^-	Cl^-	SO_4^{2-}	Ca^{2+}	Mg^{2+}	K^++Na^+	
对　照	0～1	9.70	2.6	0.26	0.57	2.23	0.78	0.12	0.03	3.69	40.9
	1～10	9.60	1.6	0.45	0.66	0.99	0.32	0.14	0.04	2.24	34.9
种植并翻压紫花苜蓿和田菁	0～1	8.30	1.4	0	0.46	0.52	1.07	0.35	0.20	1.50	18.0
	1～10	8.90	4.0	0.08	0.54	2.67	2.89	0.24	0.14	5.80	15.6

第5章 青海盐渍土及其对工程的影响研究

5.1 青海盐渍土地区环境条件

5.1.1 青海盐渍土的分布情况

盐渍土在我国的分布非常广泛，从东部沿海地区到西北干旱地区的 23 个省市自治区都有不同程度的分布。据有关资料统计，我国盐渍土总面积约为 $3\,630 \times 10^4 \text{ hm}^2$，占全国可用土地面积的 4.88%；其中，陕西、甘肃、宁夏、青海、内蒙古、新疆六省共有盐渍土 $2\,506 \times 10^4 \text{ hm}^2$，占全国盐渍土总面积的 69.04%；中国科学院南京土壤研究所依据土壤发生学和盐渍地球化学的观点和理论编制了"中国盐渍土分布区图"，盐渍土在我国的分布规律和生物气候带是相适应的，干旱地区的盐渍土的分布面积较大，且其盐渍程度随着当地干旱程度的加重而加重。

青海省盐渍土面积为 $229.84 \times 10^4 \text{ hm}^2$，仅次于新疆和内蒙古，是全国第三大盐渍土分布地区。青藏高原的地质构造、地形地貌、气候及水文地质条件决定了青海盐渍土具有特殊的性质和成分，甚至含有其他地区极为少见的硼盐，有些地区的盐渍土地表分布大量盐霜和盐结皮（图 5-1）。青海地区发育和分布类型多样、成分复杂、工程性质特殊的盐渍土，其分布范围较广，对工程基础危害较大，已成为青藏高原岩土工程领域研究的重要问题之一。

图5-1　地表盐霜和盐结皮

　　我国对青海盐渍土的研究最早起步于农业土壤改良，对其工程特性及其危害和隐患的研究往往结合具体工程，研究内容和成果较为分散。从20世纪80年代后，随着西部大开发战略的不断实施，青海西宁盆地盐渍土地区的工程项目日益增多，该地区盐渍土会腐蚀混凝土构建，其盐胀会导致地表凸起变形，其溶陷会导致墙体裂缝（图5-2），已成为工程建设的安全隐患。

（a）盐渍土腐蚀混凝土构建

（b）盐渍土地基盐胀导致地表凸起变形　　（c）盐渍土地基溶陷导致墙体裂缝

图5-2　盐渍土主要工程灾害

青海省境内的盐渍主分布区域如下：

（1）Ⅰ区。即以西宁南山区、机场等为代表的青海东部河谷阶地及低山丘陵地区。地层为黄土或黄土状土，水位埋深一般大于 15 m，此类地区土层含盐量一般大于 0.3%、小于 1%。

（2）Ⅱ区。即以西宁东出口、平安西南地区为代表的青海东部山前倾斜平原区。地层以黄土状粉质黏土为主，地下水位埋深一般情况下为 3～5 m 左右，这类地区土层中含盐量一般大于 0.3%、小于 1.3%。

（3）Ⅲ区。以东台、西台、老茫崖等为代表的柴达木盆地腹地带。地层主要为粉质黏土、粉土、粉细砂，大部分地区的地下水位大于 15 m（盐湖带除外）。

（4）Ⅳ区。以冷湖、格尔木、新茫崖为主的柴达木盆地腹地外围地区。地层主要为砂砾类土、粉土，地下水位为 3～6 m 或超过 15 m。

随着我国"西部大开发"的不断深入，特别是随着青藏铁路投入运营、柴达木盆地经济循环区建设、三江源生态地质环境保护、"一带一路"倡议等"世纪工程"的实施，绝大多数工程都面临棘手的盐渍土地基问题，因此对青海盐渍土及其特性的研究具有十分重要的工程实践与防灾减灾意义。

青海东部的盐渍土地区，地表普遍被黄土类土所覆盖，属黄土高原的一部分。由于受古气候及地理环境的影响，西宁盆地第三系中新统红层中含有大量的硫酸盐岩（$Na_2SO_4 \cdot 10H_2O$ 和 $MgSO_4 \cdot 7H_2O$），经地表水、地下水等各种介质的搬运沉积，水分沿毛细管上升蒸发，盐分析出，致使西宁盆地与第三系地层相连接的山前坡洪积扇上、山前坡角上、第四系黄土层中普遍含盐量较高，成为西宁地区较为典型的盐渍土地区。近年来，随着城市建设的发展，在这类黄土状盐渍土地区进行工程建设已不可避免。

1. 山麓斜坡带盐渍土

山麓斜坡带盐渍土主要分布于西宁南北两山坡脚一带，地貌单元属坡积裙，地层中可见石膏、芒硝、岩盐等硫酸盐或氯化物易溶盐矿物。根据勘探资料，这些地区地下水一般埋藏较深，其盐分显然不会由地下水毛细作用造成，形成过程应该是由大气降水及地表径流将第三纪红色含盐碎屑岩中大量可溶盐类溶解并带到该地段后逐渐渗入造成的。这种盐渍土在西宁地区分布较为普遍，下覆第三系泥岩中含石膏或芒硝夹层，致使卵石中潜水或泥岩强风化中风化裂隙水的矿化度和 SO_4^{2-} 增大，相应的土层中的 SO_4^{2-} 亦增大。例如，湟中桥的湟水北岸一带，水中 SO_4^{2-} 含量为 1 176.7～1 741.6 mg/L，土中 SO_4^{2-} 含量为 1 412～8 826 mg/kg，总盐量大多数都大于 0.3%。

2. 高阶地盐渍土

西宁地区高阶地主要有Ⅲ级和Ⅳ级阶地。阶地结构呈层状，表层为黄土状粉土，一般厚度在 20 ～ 25 m；下层为卵石层，具钙质和泥钙质胶结。由于阶地离谷坡有一定距离，谷坡的碎屑物质和易溶盐主要堆积在谷坡坡脚，远离谷坡堆积较少，与山麓斜坡地带相比，盐渍土分布较少，一般在石膏、芒硝矿物存在的地段，就有盐渍土分布，类型以硫酸盐渍土为主。这种含石膏碎块高阶地盐渍土的分布与地形地貌有关，一般阶地面地形平坦时，野外很少见到；谷坡从一定坡度和阶地过渡时，谷坡与阶地的过渡地带就有盐渍土分布，含盐量及含盐性质变化较大，而且分布于地表浅部。其主要原因是这些地带土主要分布在地形变化和阶地过渡地带，处于暂时性地表径流末端，使盐渍土分布较少和不均匀，分布特点见表5-1。根据此表可知，高阶地盐渍土主要分布在地形变化和阶地过渡地带。

表5-1　高阶地盐渍土分布

地　点	分布地带	深　度 /m	分布特点
省中药厂	分布于Ⅲ级阶地前缘	离地表 3 ～ 5	盐渍土分布于浅部
南川曲轴厂	分布于地形变化处和阶地过渡带	离地表 3 ～ 4	盐渍土分布于浅部
八一路石油局酪奶厂	地形较平坦	离地表 7 ～ 14	盐渍土分布于深部
省电力光大公司	地形较平坦	离地表 4 ～ 11	盐渍土多分布于深部

3. 高漫滩盐渍土

高漫滩盐渍土分布较广泛，主要分布于东川付家寨和杨沟湾一带，由于地下水位较高，在年降水量少、蒸发量大的气候条件下，水中盐分沿土壤中的毛细管上升聚集地表，干旱季节土壤表面带有白色盐霜盐壳形成，使土壤盐渍化，东川造纸厂盐渍土含量见表5-2。该类盐渍土在地表常见有盐霜及盐壳，主要以亚氯——亚硫酸盐渍土为主，具吸湿性和松胀性，是一种腐蚀性较强的盐土。

表5-2　东川造纸厂易溶盐分析

试样编号	HCO_3^- 重量 /%	Cl^- 重量 /%	SO_4^{2-} 重量 /%	Ca^{2+} 重量 /%	Mg^{2+} 重量 /%	（K^++Na^+）重量 /%	$c(cl^-)$ /2c（SO_4^{2-}）	总盐量 /%	盐渍土名称
1#-1	0.19	0.04	0.75	0.15	0.02	1.30	1.30	1.78	亚氯盐渍土

试样编号	HCO_3^- 重量 /%	Cl^- 重量 /%	SO_4^{2-} 重量 /%	Ca^{2+} 重量 /%	Mg^{2+} 重量 /%	(K^++Na^+) 重量 /%	$\dfrac{c(Cl^-)}{2c(SO_4^{2-})}$	总盐量 /%	盐渍土名称
$2^{\#}-1$	0.01	0.06	0.43	0.08	0.01	0.75	0.75	0.89	亚硫酸盐盐渍土
$3^{\#}-1$	0.14	0.06	0.66	0.08	0.02	1.17	1.17	1.49	亚氯盐盐渍土
$4^{\#}-1$	0.11	0.09	0.49	0.08	0.004	0.96	0.96	1.28	亚硫酸盐盐渍土
$5^{\#}-1$	0.02	0.02	0.45	0.18	0.001	0.68	0.68	1.78	亚硫酸盐盐渍土

5.1.2　青海省盐渍土的物理化学特征

青海地区盐渍土类型包括氯盐渍土和硫酸盐渍土两种，其中氯盐渍土占主要部分。以国道 215 线察尔汗盐湖至格尔木高速公路为例，该路线总里程共计约 79 km，其中氯盐渍土路段共 67 km，约占总里程的 84%；硫酸盐渍土路段共 12 km，约占总里程的 16%。其中，察格高速 K617+195 ～ K585+000（起点）段以弱盐渍土为主，约占总里程的 40%；K617+195 ～ K654+6K0 以中～强盐渍土为主，约占总里程的 47%；K654+200 ～ K664+6K9（终点）以弱～非盐渍土为主，约占总里程的 13%。表 5-3 是察格高速不同桩号附近盐渍土表土的化学成分表，结果表明，盐渍土表层（0 ～ 5 cm）最高含盐量可达 79%，能够对混凝土结构造成严重的侵蚀破坏。

表5-3　察格高速附近盐渍土表土（0 ～ 5 cm）化学成分表（单位：%）

桩　　号	Cl^-	SO_4^{2-}	Ca^{2+}	Mg^{2+}	含盐总量	Cl^-/SO_4^{2-}	盐渍土类型
K589+000	42.32	0.76	0.37	1.07	74.155	75.44	氯盐
K591+940 左侧 25 m	43.97	1.79	0.71	0.98	76.182	33.28	氯盐
K596+100 左侧 25 m	44.96	0.76	0.42	0.33	79.005	80.15	氯盐
K617+500	1.42	1.07	0.45	0.07	3.555	1.80	亚氯盐
K625+000	6.29	9.28	0.30	0.10	22.880	0.92	亚硫酸盐

在青海格尔木的实地调查表明，由于盐分长期积累，含盐量较高的盐渍土

上方往往覆盖着一层盐晶，含盐量最高可达 90% 以上，以氯盐为主，厚度可达 1.0 m。应当说，在不同深度，不同易溶盐的含量是不相同的。以察格高速 K596+100 左侧 25 m 处盐渍土为例，氯离子含量和易溶盐的总含量随着土壤深度的增加而整体呈现出先减少后增加最后持平的态势。其中，盐渍土总含盐量在土壤浅层的含量值可以达到 80%，一直到土层深度达到 9 m 时，盐渍土的总含盐量达到最低，约为 12%，而后随着土层深度的继续加深，盐渍土的总含盐量还会继续升高，在 10.3 m 时达到顶峰，为 42% 左右，而后就又开始降低，最后逐渐呈现趋平态势，基本稳定在 25% 左右。盐渍土中的氯离子含量随土壤深度变化，其走势与总含盐量的变化形式基本相同，只是氯离子在盐渍土中的含量相对较低，在土壤浅层的浓度占比仅为 46%，而后逐渐降低，同样是在土层深度达到 9 m 时，盐渍土中的氯离子浓度含量达到最低，约为 5%，而后随着土层深度的加深浓度含量上升，最高达到 20%，而后逐渐趋于平缓，最后稳定在 12% 左右。当然，并不是所有的盐渍土易溶盐的含量都是呈现出先降低后提高最后趋平的态势，如盐渍土中的镁离子含量以及硫酸根离子含量就不是如此，其含量与土层深度的变化关系不大，而且含量很低，基本维持在 2% 左右。这种情况的存在仅限于青海格尔木地区的盐渍土，或者说仅属于氯盐渍土，所以硫酸根离子含量较少。如果是调查硫酸根离子地区的盐渍土，那么其浓度含量不会趋于平稳，而是会同样呈现出大幅升降的变化态势。至于在土层 9 ～ 10 m 深度处，盐渍土含盐量出现小幅度上升趋势，这主要与该点处的地质结构有关：该钻探点所处的工程地质区属于湖相、化学沉积区，该深度为上层有机质黏土（揭示深度 9.30 m）与下层砂砾状盐晶层（揭示深度 2.50 m）的结合处，因此含盐量在该深度处产生了小幅突变。由以上分析可知，盐渍土最上层表土的含盐量最高，总体来说随着土层深度的增加，盐渍土的含盐量逐渐降低，但在相邻的土层交汇处，盐渍土的含盐量变化并不一定随土层深度的增加而降低，具体变化情况要由当地的地质结构决定。

5.1.3　青海盐渍土地区气候特点

青海盐渍土地区处于青藏高原东北部，地形复杂，地貌多样，属中国公路自然区划中的青藏高寒区。由于地处大陆腹部，四周高山环绕，西南暖湿气流难以进入，造成水量稀少，气候干燥。该地区年降水量在 23.8 ～ 85 mm，年蒸发量可高达 3 550 mm，蒸发量是降水量的 8 ～ 150 倍。区域内太阳辐射强度大，日照时间长，热量充足，昼夜温度变化剧烈，极端最低气温可达 –36.4 ℃，七月份平均气温在 15 ℃左右，最高气温 35.5 ℃，昼夜温差大。区域内风向以偏西风为主，平均风速 5.0 m/s，其基本特点是风大而多。盐渍土地区恶劣的气候条件将会加剧盐渍土混凝土材料的腐蚀作用，造成结构的提前破坏，缩减工程的服役寿命。

5.2 青海盐渍土工程特性研究

我国于 20 世纪 70 年代青藏铁路一期工程建设时，就对西北地区察尔汗盐湖盐渍土的工程特性、成因、分布及对路基工程的危害与治理措施等进行了试验研究。20 世纪 80 年代以来，随着对盐渍土地区的开发与建设，对盐渍土的微观结构和物质组成以及盐渍土地基的溶陷性、盐胀性和腐蚀性等岩土工程特性展开了多方面研究。国内对盐渍土研究公开发表论著始于 20 世纪 80 年代，本节根据国内对盐渍土岩土工程特性的研究方向和目的，将其归纳为两个方面：一方面是对盐渍土微观结构及溶质运移研究，另一方面是盐渍土岩土工程特性研究。雷华阳等人在对盐渍土的微观结构进行研究后认为，盐渍土的三相体有气体、盐溶液、易溶盐结晶、难溶盐结晶、土颗粒五部分组成。当土体中的含盐量增加到一定程度时，盐晶体的出现使土颗粒原有的粒度成分和排列方式发生了改变，因而降低了土的可塑性。当盐渍土发生相变，如土中盐类遇水溶解后，就会影响土的物理力学性质，降低土的强度，产生地基溶陷。当温度或湿度发生变化时，会引起盐渍土地基膨胀，对建筑物和地面设施产生破坏作用。近几年，我国土壤物理学者注意到国际社会关于盐渍土水盐运移研究的方向，在室内外开展了一些盐渍土水盐运移的试验研究。叶自桐等分别对饱和土壤和非饱和盐渍土溶质运移进行了试验研究及数值模拟，并对传输函数模型（THM）进行了简化，提出了入渗条件下土壤盐分对流运移的传输函数修正模型，根据田间不同矿化度灌溉入渗试验结果，得到了盐分通过 0 ～ 60 cm 土层时的时间概率函数。杨金忠等基于拉格朗日方法和欧拉方法，在渗透系数为对数正态二阶平稳及一阶扰动近似条件下，使平均浓度满足对流—弥散方程，方程中的宏观弥散度决定于介质渗透性能的统计特征，总结了一系列宏观弥散系数的表达形式。张雷娜等对滨海盐渍土水盐运动规律和水盐运移影响因素进行了模拟研究，获得了淋洗脱盐过程中水盐运动的 3 个明显阶段：盐峰形成阶段、盐峰下移阶段、盐峰继续下移至消失阶段，揭示了淋洗脱盐过程中土壤盐分含量和土体构型等影响因素对水盐运移的影响程度。史文娟等基于稳定蒸发的阿维里扬诺夫经验公式和雷志栋公式，对蒸发条件下夹砂层土壤水盐运移实验和高地下水位条件下盐渍土区潜水蒸发特性及计算方法进行了研究，建立了非稳定潜水蒸发强度的计算模型，该研究将为重新认识盐渍土区土壤的蒸发特性以及对其进行进一步研究提供重要依据。国内学者基于盐渍土特点，总结了盐渍土的微观结构特征；基于溶质运移的对流——弥散方程，侧重于室内土柱，包括一维水平土柱试验和一维垂直土柱试验。通过室内控制试验测定对流-弥散方程中的水动力弥散系数和孔隙水流速度，然后用有限差分法求解方程，以进一步分析水盐运动规律和主要参数对盐分运移的影响，从而研究影响盐分运移的因素。国内学者研究的角度包括从以对流——弥散为主的物理模型到物理模型与化学反应相结合的多组分模拟模型、数值模型，从质量平衡方法到能量平衡方法（以土水势、基质势的概念进行研究），从小尺度固定研究到考虑盐分运移参数空间变异的大尺度区域研究，等等。

5.2.1 青海盐渍土的化学成分

青海内陆盐渍土的化学成分主要是二氧化硅，其次是三氧化二铝，具体见表5-4和表5-5。

表5-4 青海盐渍土化学成分

取样深度 /m	化学成分及含量 /%						
	SiO_2	Al_2O_3	Fe_2O_3	MgO	TiO_2	MnO_2	其他
0.0～0.2	49.8	18.90	5.23	3.76	0.74	0.05	0.134
0.2～0.4	54.32	25.26	5.83	5.54	0.75	0.06	0.15
0.4～0.6	49.94	18.98	5.03	4.64	0.48	0.07	0.147
0.6～0.8	48.57	22.47	5.25	5.13	0.68	0.07	0.141
0.8～1.0	48.34	21.06	5.08	3.56	0.61	0.08	0.142
1.0～1.2	47.56	22.25	4.94	3.58	0.78	0.07	0.135
1.2～1.4	55.62	22.68	5.40	2.85	—	0.07	0.127

表5-5 柴达木盆地察尔汗盐湖渍土化学成分（单位：%）

编 号	SiO_2	Al_2O_3	Fe_2O_3	R_2O_3	CaO	MgO	FeO	TiO_2	MnO_2	烧失量
1	46.5	10.91	2.32	4.69	7.63	5.69	1.97	0.52	0.09	19.69
2	51.55	10.97	2.30	4.26	7.17	4.64	2.08	0.53	0.08	16.42
3	51.00	10.75	2.89	2.59	7.24	5.26	2.00	0.55	0.08	17.64

5.2.2 青海盐渍土的物理性质

青海盐渍土中的易溶盐，在自然条件下有一部分溶解在土中的水分里，当含盐量很大时，水分溶解的盐达到一定限度（即饱和浓度），多余的一部分盐则以固体形态存在于水中。

1. 青海盐渍土的可塑性

研究资料表明，青海盐渍土的液、塑限随含盐量的增加而降低。另据人工配制含盐量的试验表明含盐量越大，土的可塑性越低，见表5-6。

表5-6　青海盐渍土可塑性试验成果

土的名称	掺入 NaCl / %	液限 w_l / %	塑限 w_v / %	塑性指数 I_p / %
粉质黏土	0	25.9	16.5	9.4
	2	26.0	15.7	10.3
	4	24.8	14.6	10.2
	6	24.0	14.0	10.0
	10	22.9	13.6	9.3
	20	21.2	12.8	8.4
粉土	0	19.0	14.2	4.8
	2	18.9	13.7	5.2
	4	18.1	13.3	4.8
	6	16.8	13.0	3.8
	10	16.6	12.6	4.0
	20	16.3	11.6	4.7

2. 青海盐渍土的吸湿性

青海盐渍土含有较多的一价钠离子，一价钠离子的水解半径大，水化膨力强，故在其周围可形成较厚的水化薄膜，使青海盐渍土具有较强的吸湿性和保水性的特点。这种现象也叫"泛潮"。影响吸湿性的因素主要是空气中的相对湿度，据观测，一般泛潮时的相对湿度都在40%以上。青海盐渍土吸湿的深度，只限于表层，据铁道部第一勘测设计院资料，其泛潮深度只在 10 cm 左右，见表5-7。

表5-7　青海盐渍土吸湿影响深度

土的名称	含盐量 /%	湿　度	吸湿深度 /cm
细砂	20	饱和	6
细砂	30	饱和	8
粉砂	20	饱和	8
粉土	30	饱和	10
粉质黏土	30	饱和	12

3. 有害毛细水作用的影响

青海盐渍土中有害毛细水上升能直接引起地基土的浸湿软化和次生盐渍化，进而使土的强度降低，产生盐胀、冻胀等病害，所以青海盐渍土地区的岩土工程问题之一，就是如何控制地下水位，掌握有害毛细水上升高度。影响毛细水上升高度和上升速度的因素，主要是土的粒度成分、土的矿物成分，土颗粒的排列和孔隙的大小以及水溶液的成分、浓度、温度等。

（1）土的粒度成分对毛细水上升高度的影响最为显著，一般来说，颗粒越细上升高度越高。能产生毛细管现象的颗粒极限直径值一般为 2 mm，大于这一粒径就无法形成毛细管。铁道部第一勘测设计院对不同粒组与上升高度及速度的研究参见表5-8。

表5-8　各种粒组的砂中毛细水上升高度及上升速度

颗粒大小 / mm	孔隙度 / %	毛细水上升高度 /cm		达到最大高度的时间 /d	平均速度 / (cm·h⁻¹)	
		24 h	最大		第一昼夜	达到最大上升高度以前
1 ～ 0.5	41.8	11.5	13.1	4	0.48	0.14
0.2 ～ 0.1	40.4	37.6	42.8	8	1.56	0.22
0.1 ～ 0.05	41.0	53.0	105.5	72	2.21	0.06

（2）盐分含量对毛细水上升高度也有影响，盐分影响主要是盐的含量和盐的

类型，见表5-9。盐分对毛细水上升高度有正反两个方面的影响：一方面，水中含盐量可以提高其表面张力，毛细水上升高度随着表面张力增大而增大；另一方面，水中盐分使其溶液的相对密度增大，并使颗粒表面分子水膜厚度增大，从而增加了毛细水上升的阻力，使毛细水上升值减少。当矿化度较低时，前一种情况占优势，反之则后一种影响占优势。

表5-9　盐类对粉砂毛细管上升高度的影响

序　号	1	2	3	4	5	6	7
含盐种类	蒸馏水	Na_2SO_4	Na_2SO_4	NaCl	NaCl	NaCl	NaCl
矿化度	0	10	50	50	150	250	300
有害毛细水上升高度 / mm	1.44	1.46	1.38	1.59	1.36	1.31	0.87

5.2.3　青海盐渍土的冻结深度

1. 起始冻结温度的概念

冻结温度是判断土是否处于冻结状态的指标。当降至某一温度时，土中的水分开始冻结，并形成冰晶，这个温度即土的冻结点，也称为冰点。青海盐渍土中的水是具有一定浓度的溶液，土中水的冻结温度要远低于摄氏零度。青海盐渍土的起始冻结温度，是指土中毛细水和重力水溶解土中盐分后而形成溶液，并使该溶液开始冻结的温度。起始冻结温度随溶液浓度的增大而降低，而且与盐分的类型有关。

2. 影响青海盐渍土冻结温度的主要因素

（1）含盐量

对不同含盐量土样的实测资料表明，当土中含盐量在5%以上时，土的起始冻结温度下降到 −20 ℃以下，见表5-9。

（2）盐类性质

在土质条件及盐溶液浓度相同的条件下，不同盐类的起始冻结温度也不相同。铁道部第一勘测设计院通过对亚硫酸青海盐渍土与氯盐渍土的试验，得出在水溶液浓度大于10%后氯盐渍土的起始冻结温度比亚硫酸青海盐渍土低得多。

表5-10　土中水溶液浓度与土的起始冻结温度关系

土　名	含水量 /%	总含盐量 /%	水溶液浓度 /%	起始冻结温度 /℃	青海盐渍土类型
粉质黏土	16.2	8.5	34.4	−25.0	氯盐渍土
粉质黏土	20.1	8.5	29.7	−23.6	氯盐渍土
粉土	18.4	6.7	26.7	−22.7	氯盐渍土
粉土	23.9	6.7	21.9	−18.7	氯盐渍土
粉砂	18.0	7.3	23.8	−23.9	氯盐渍土
粉砂	10.0	2.3	18.7	−25.7	亚氯青海盐渍土

3. 青海盐渍土地区冻结深度的确定

可通过对土中水溶液起始冻结温度的测定来确定青海盐渍土地区的冻结深度，当地温高于起始冻结温度时则不会冻结，当地温低于起始冻结温度时则土冻结。所以，可以根据不同深度地温的资料和不同深度青海盐渍土中水溶液的起始冻结温度的试验成果来判定。此外，也可在冻结末期进行现场直接测定。

5.2.4　青海盐渍土的溶陷性

青海盐渍土浸水后由于土中易溶盐的溶解，在土自重压力作用下产生沉陷的现象，称为青海盐渍土的溶陷性。青海盐渍土按溶陷系数值可分为两类：当溶陷系数 δ 值小于 0.01 时，称为非溶陷性土；当溶陷系数斜值等于或大于 0.01 时，称为溶陷性土。

5.2.5　青海盐渍土腐蚀性

青海盐渍土及其地下水对建筑结构材料具有腐蚀性，腐蚀程度除与土、水中的盐类成分及含量有关外，还与建筑结构所处的环境条件有关。

5.2.6　青海盐渍土的盐胀性

盐胀性是青海盐渍土的一项重要的工程性质，当土中含有一定量的硫酸盐或碳酸盐时，土就有盐胀的可能。硫酸盐沉淀结晶时，体积增大，脱水时体积缩小，致使原有土体结构因遭到破坏而疏松。国内外学者研究认为，土中硫酸钠的含量、温度的变化、土中含水量（18%～22% 时盐胀值最大）及密度等是影响青海盐渍土盐胀变形的主要因素。一般认为含盐量在 2% 以内时盐胀带来的危害性较小。

铁道部第一勘测设计院在研究路基的盐胀性试验时表明，当土中硫酸盐含量小于 2% 时一般路基完好，高于这个含量则盐胀量迅速增加，现行《铁路路基设计规范》（TB 10001—2016）对用硫酸青海盐渍土填筑路堤其含盐量控制在 2% 以内。水是硫酸钠结晶盐胀的首要条件，其反应方程如下：

$$Na_2SO_4 + 10H_2O = Na_2SO_4 \cdot 10H_2O \tag{5.1}$$

硫酸钠的分子量为 142，而 10 个 H_2O 的总分子量为 180，则由方程可知：142 g 的 Na_2SO_4 可吸收 180 g 的结晶水而变成芒硝（$Na_2SO_4 \cdot 10H_2O$），因此只要测得土中 Na_2SO_4 的含量，便可计算出结晶时的吸水量，其计算公式如下：

$$w_{吸} = 10H_2O \times G/Na_2SO_4 = 180 \times G/142 = 1.27G \tag{5.2}$$

式中：$w_{吸}$ 为结晶时的吸水量（%）；G 为土中的 Na_2SO_4 的含量（%）。

若土中硫酸钠的含量为 4% ～ 6%，那么它的结晶吸水量 $w_{吸}$ 为 5.08% ～ 7.62%。可以看出，在一定的含盐量条件下，只要能满足吸收这么多水分，就会使硫酸青海盐渍土产生盐胀。一般在 15 ℃左右开始有盐胀反应，至 -6 ℃附近时盐胀量达到最大值，而且在这个温度变化相应的时间范围内，盐胀反应速度最快，一般能完成盐胀量的 90% 以上，若温度继续下降，盐胀增量也不再明显增加。西北干旱地区日温差大，硫酸盐的体积时而增大，时而缩小，土体盐胀破坏也特别严重。另外，碳酸盐中含有大量吸附性阳离子，遇水时便与胶体颗粒相作用，在胶体颗粒和黏土颗粒周围形成结合水薄膜，减少了各颗粒间的黏聚力，使其互相分离，引起土体盐胀。试验证明，当土中的 Na_2CO_3 含量超过 0.5% 时，其盐胀量会显著增大。

5.2.7　青海盐渍土的力学性质

1. 抗剪强度

（1）含盐量与抗剪强度的关系

土中含盐量对青海盐渍土的抗剪强度影响极大。一般来说，当土粒中含有少量盐分时，在一定含水量条件下，土粒间彼此的距离将会加大，黏聚力随之变小。而且盐分溶解于水，增加水的润滑作用，使土的内摩擦角也随之降低。但当盐分增加到一定程度后，盐分开始结晶产生加固黏聚力并使盐粒结晶充填于空隙中，从而增加了土的黏聚力和内摩擦角。所以，当青海盐渍土的含水量较低且含盐量较高时，土的强度就较高；反之就较低。

（2）试验方法与抗剪强度

青海盐渍土的抗剪强度可在直剪仪或三轴压缩仪中进行，抗剪强度与试验的加荷速率有关，在三轴仪中还与所选定的破坏标准有关。例如，对同一青海盐渍土样进行试验，如以土样的垂直应变达到5%为破坏标准和与10%为破坏标准的抗剪强度相比，10%破坏标准的抗剪强度要降低约20%。所以，在设计采用抗剪强度指标时应考虑建筑物允许变形的大小。

2. 变形指标

青海盐渍土的变形指标通常可通过室内固结仪测定，也可通过现场载荷试验求得。在天然状态下，多数青海盐渍土具有较高的结构强度，当压力小于结构强度时，青海盐渍土几乎不产生变形。但土样浸水后，盐类等胶结物软化或溶解，模量会显著降低，土的强度也随之降低。石油部在西北地区的浸水前后载荷试验对比资料也明显反映了这一状况。

对察尔汗盐湖地区的青海盐渍土试验和化学分析表明，对于粉质黏土或粉土青海盐渍土，在含水量不变时，青海盐渍土的液限随含盐量增加开始先变大，青海盐渍土的塑限随含盐量增加而降低，这时候青海盐渍土的液性指数变小，塑性状态降低。这种塑性状态可以诠释为增加的盐分多吸收了一部分水而使液限增大，而塑限因其水理性质的关系而降低。这种青海盐渍土中的钠离子一部分由液态转变为分子固体状态的氯化钠，呈结晶体固态相存在，提高了塑限，使青海盐渍土的工程性能也随之提高。而当青海盐渍土的含盐量继续增加，含水量不变时，盐溶液处于饱和状态，盐结晶体再增加，表面积变小，吸收水分的能量降低，液限显著降低，塑限继续降低，结晶盐体再增加，液性指数继续变小，这时青海盐渍土就会产生性质的转化，地基土的抗压和抗剪能力得到加强，地基土的承载力相应提高。相反，当青海盐渍土的含盐量不变，含水量增加时，地基土处于非饱和或饱和状态，结晶盐被溶解，地基土性能就会弱化下降，从而使地基土的承载力出现降低的特征。

当青海盐渍土的含水量（尤其是淡水或低浓度盐水）增加时，土中固态的盐会由晶体状态变为离子液体状被带走，土结构急速弱化下降。这时土的液性指数变大，地基就会过早地进入软塑状态和流塑状态，地基稳定性急骤降低，土体内产生整体剪切变形破坏，甚至可能导致建筑物不均匀下沉。因此，在青海盐渍土地基的建设和使用过程中，防止淡水或低浓度盐水浸入建（构）筑物地基是使用过程监控管理的主要工作。对于地下水位以下的青海盐渍土，盐溶液中盐分呈离子液体状态，液性指数偏大，土体多处于软、流塑状态，地基土工程性能很差。对于含盐多的青海盐渍土，液性指数的升降性对地基土结构的强弱影响举足轻重，盐的存在使地基土的综合工程性能存在可逆性及易变性。人工地基改变了天然地基土的工程性质，地基土的组成变化不大，尤其某些复合地基的桩间土的组成并没有变化。但是，有非饱和水渗入地基土中时，就会改变地基的工程性质，使地基土强度随着渗入水量的多少产生变化。

经过半个多世纪的发展，青海盐渍土工程特性研究已经取得了丰硕的成果，"南水北调""青藏铁路"等世纪工程的相继建设，为青海盐渍土工程特性研究带来了新的机遇和挑战，展望未来的工程建设要求及青海盐渍土岩土工程特性研究的前景，下列问题还有待于深入研究：①对青海盐渍土的水盐运移特点、盐胀性、溶陷性、腐蚀性等岩土工程特殊性及其诱发建筑地基破坏的物理力学机理展开深入的研究，建立具有地区针对性的青海盐渍土本构模型，逐步建立和完善具有青海盐渍土特色的特殊土力学理论体系。②对青海盐渍土病害防治效果的耐久性研究还有待加强，已有的研究工作大都针对不同地区和具体的工程项目提出耐久性治理方案，但方案的普适性及经济性尚有待进一步论证。③尽管对西北地区青海盐渍土的接触和研究起步较早，但其研究工作主要集中在铁路、公路等行业，结合具体工程开展青海盐渍土改性和病害防治的研究，并提出以隔断水分、去除盐分、土体加固、整体岩基、化学防腐等为主体的治理原则和相应处理方案，其研究手段相对单一，且仍以定性及半定量评价为主。随着"西部大开发政策"的逐步落实，许多工程建设项目需要在青海盐渍土分布的区域加以实施，工程类型不再仅局限于受地表荷载影响相对较小的线路工程，因此采用多种手段结合具体工程特征开展青海盐渍土物理力学特征及灾害治理措施研究具有重要的工程实用价值。④积极开发先进的青海盐渍土工程特性测试技术及试验方法，确保试验数据的准确性和数据获取的简捷性，尤其西北地区具有高海拔的特点，迫切需要展开深入的理论与试验研究。⑤青海盐渍土作为一种对工程建设具有潜在危害性的特殊土，应结合地质灾害的共同特点，引入风险分析理论开展系统研究工作，基于地理信息系统（GIS）平台开展风险区划，为工程决策提供参考。

5.3　青海盐渍土本构模型研究

5.3.1　西宁盆地细粒盐渍土力学特性

西宁盆地有大量的细粒盐渍土，为探究细粒盐渍土中不同易溶盐对细粒盐渍土抗剪强度、内摩擦角和黏聚力等性质的影响，配置量化含盐量的人工细粒土，然后通过三轴试验得到了易溶盐对细粒盐渍土应力应变关系的影响规律。

1. 试验方案

（1）试验设备

为研究细粒盐渍土的力学特性，本节试验使用的仪器为 SLB-1 型应力应变试验仪。通过该设备进行三轴试验可以实现对应力、应变等的控制，同时该试验仪器可以满足多种试验的功能要求，可以进行 CU、CD、UU 等三轴试验，固结、反压力饱和、应力路径试验及渗透试验等土体性质试验。仪器各功能通过单片机控制，因此可以实现各功能独立发挥作用，相互不会产生干扰，而且每个控制机及数据传感器均与计算机相连，可以实现计算机的统一控制及数据处理。此外，该设备的控制端软件还具有绘制曲线、保存数据、试验结束后打印曲线和报表等功能。

仪器示意图见图 5-3。

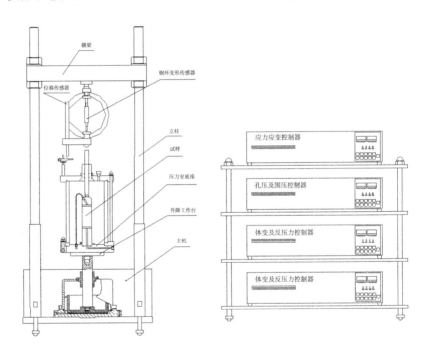

图5-3 SLB-1型应力应变试验仪示意图

本书试验选择不饱和排水三轴试验，该试验是在周围压力中选择一个恒定值，等待围压稳定后，选择一定的应变速率对土样进行剪切（或压缩），等到土样破坏或者应变达到认为的破坏值（应变达到 15% ~ 20%）之后，停止加载，并读取应力峰值。参数设定，即设定目标周围压力和应变速率。

实验示意图见图 5-4。

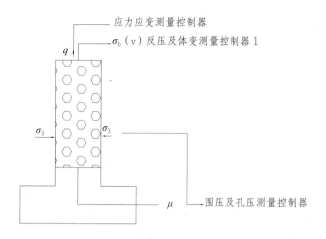

（2）试验参数选取

基于实际工程和设备量程限制，在试验中周围压力和应变速率的设定范围分别为 0 ～ 1 990 kPa、0.002 ～ 4.0 mm/min，因此最后确定本节的试验围压分别选取 100 kPa，200 kPa，300 kPa，400 kPa。根据《土工试验规程》（YS/T 5225—2016），该试验中的应变速率应在控制在每分钟 0.003% ～ 0.012%，设备标准土柱尺寸为直径（D）为 3.91 mm；高（h）为 80 mm；因此应变速率选取为 0.009 6 mm · min^{-1}。

（3）含盐量及含水率的配置

根据天然盐渍土易溶盐测定结果，西宁地区的盐渍土主要为硫酸盐盐渍土和氯盐盐渍土，其中烘干盐渍土还有不同于其他地区盐渍土的成分（B_2O_3），因此在配置盐渍土时选择加入硼酸盐，以探究这一成分对土体力学性质的影响。盐渍土的含盐类型及含盐量见表 5-11。

表5-11　盐渍土配盐表

含盐类型	含盐量 /%
氯化钠	0.5、1.0、1.35、2.0、2.5、3.0、3.5、4.0
硫酸钠	0.5、1.0、1.35、2.0、2.5、3.0、3.5、4.0
硼酸钠	0.5、1.0、1.35、2.0、2.5、3.0、3.5、4.0

2.细粒盐渍土洗盐

（1）洗盐方案

要研究西宁盆地盐渍土的含盐量种类及含盐量对其力学特性的影响，应该对盐渍土的含盐量进行量化处理，这就需要先对盐渍土进行洗盐处理，然后人工配置量化含盐量的盐渍土并进行研究。

根据《岩土工程勘察规范》（GB 50021—2001）及文献资料，总结出了盐渍土的洗盐方法：将天然盐渍土过筛，筛取细粒组，进行洗盐处理，并为后续试验提供所需要的人工细粒盐渍土。

（2）洗盐步骤

首先，将西宁盆地所取土样烘干，并筛取 0.075 mm 以下细粒组。将筛好土样分别放置于塑料桶内，每桶放置干燥土样 600 g，加入定量蒸馏水，充分搅拌，并记录加水量，加水量为 5 ～ 10 L。静置 24 h 使土样充分沉淀，取上层水 2 mL，加入氯化钡盐酸溶液 1 mL，观察是否产生白色沉淀，用以检验澄清溶液中是否有硫酸根离子（SO_4^{2-}），从而鉴定土样中易溶盐是否洗净。其次，使用橡皮管抽出桶内澄清的上层水，加入蒸馏水至规定量。如果加入氯化钡盐酸溶液有白色絮状沉淀产生，证明澄清水中含有硫酸根离子，则土样中还存在易溶盐。需重复洗盐试验，直至不产生白色沉淀。最后，将土样取出置于烘箱中，将烘箱温度设为 105 ℃，烘 8 h，直至土样完全烘干，并进行易溶盐含量测定试验（图 5-5）。

上述洗盐实验的原理是通过蒸馏水溶解土中的易溶盐成分，并不断地重复稀释淡化，将土中的易溶盐含量降低至一定程度（《岩土工程勘察规范》中规定易溶盐含量大于 0.3% 为盐渍土），可以认为不含易溶盐。

（a）实验所需药品　（b）静置沉淀（c）滴定氯化钡盐酸溶液

（d）抽出澄清的水　（e）取出洗净后土样　（f）烘干土样

图5-5　细盐试验过程

（3）洗盐结果分析

用氯化钡盐酸溶液鉴定结果见图5-6。

（a）第一次换水　　（b）第三次换水　　（c）第七次换水

图5-6　洗盐结果照片

通过图 5-6 中换水后使用氯化钡检测试验结果对比可以发现，第一次在上层澄清液中加入氯化钡盐酸溶液，出现明显沉淀，之后沉淀开始明显减少，当试验到第七次时肉眼不可见沉淀，证明土体中的易溶盐已经完全洗净。

表5-12　洗盐试验前后易溶盐含量表

编　　号	洗盐试验前全盐量 / （mg·kg⁻¹）	洗盐试验后全盐量 / （mg·kg⁻¹）
D_1	12 970	680
D_2	15 930	770
D_3	11 960	700
D_4	23 930	660
D_5	21 660	770
D_6	81 480	670
D_7	11 930	800
D_8	3 790	820

比较洗盐前后易溶盐含量，可以看出洗盐后易溶盐含量明显减少，并低于盐渍土含盐量界限值，说明洗盐可以明显减少盐渍土中易溶盐含量，但是并不能完全去除易溶盐。

从图 5-7 可知，由于洗盐试验所用的土样为细粒土，黏粒含量较高，在反复换水后部分试验组出现静止 24 h 后黏粒表现为悬浮状的现象，因此继续选择静止至 48 h，之后发现桶中上层水稍有澄清，而部分桶仍然无明显澄清，被迫终止试验。

（a）第一天静置　　　　　　（b）第四天静置　　　　　　（c）第七天静置

图5-7　静置7天后沉淀情况照片

（4）细粒盐渍土洗盐小节

①通过反复使用蒸馏水浸泡盐渍土，可以使盐渍土中易溶盐的含量有效减少，但并不能完全去除。

②在含硫酸盐的盐渍土中滴定氯化钡盐酸溶液可以鉴别洗盐结果，根据洗盐前后易溶盐含量测试结果对比，该方法有效。

③蒸馏水反复浸泡会使土样中黏粒在水中以悬浊液形式流出，造成黏粒含量降低，对土样的力学性质造成一定影响。部分黏粒含量较高的土样在蒸馏水浸泡下会在水中形成悬浊液无法澄清，因此不能进行有效的洗盐。

3. 三轴试验

（1）标准土柱制备

①将洗盐后烘干的干燥土样称取 200 g，同时按照人工盐渍土含盐量配置表称取易溶盐，并按照 18% 含水率称取蒸馏水（图5-8）。

（a）称取干燥土样　　　　　　（b）称取蒸馏水　　　　　　（c）称取易溶盐

图5-8　称样照片

②将上述称取好的易溶盐完全溶于蒸馏水中，充分搅拌，让其完全溶解。然后将盐溶液与土样混合，使用调土刀充分搅拌，装入密封袋中，静置 20 h 以上，使其水与充分混合均一（图5-9）。

（a）溶解易溶盐

（b）拌匀土样

（c）密封静置

图5-9　制样照片

③组装标准击实器，并将击实器上下固定好，在铜片内部涂抹凡士林。在击实器组装时要注意铜片安装的顺序，保证铜片间接缝的贴合度，尤其是保证内壁接缝处光滑，将铜环水平套入铜片，防止在击实过程中发生松动（图5-10）。

（a）涂抹凡士林

（b）组装标准击实器

（c）完成击实器组装

图5-10　组装标准击实器照片

④将准备好的人工盐渍土分批次放入击实桶中，提高重锤使其自由下落，将击实桶中的人工盐渍土击实，整个土样需分5次击实，每层之间需要使用削土刀将表面刮毛，使上下层结合，至最优干密度（1.63 g/cm³），最后将土样顶面击平，拆除击实桶即可。需要注意的是，在拆除铜片时要防止土样被破坏。见图5-11（a）与（b）。

⑤最后需要在土样外套橡胶套，先要检查橡皮套的完整度，避免使用有破损的橡皮套，在套橡皮套时也要防止损坏橡皮套。见图5-11（c）。

（a）击实土样

（b）标准土柱

（c）土柱外套橡胶套

图5-11　击实标准土柱照片

（2）安装土样

①装样前先将实验设备全部打开，预热 30 min 以上，并检查设备是否工作正常，围压控制器中的水量，升降工作台看液压机是否下降。

②将压力室取下，在土样上下分别按顺序垫滤纸、透水石，然后放置在底座上，上部加排水顶座，套好橡皮套，并分别将底座与上部用橡皮筋扎紧。需要注意的是，在整个过程中应确保排水管路和孔隙压力管路内的空气是全部排出的，在装样的过程中也应避免有空气进入，同时应注意在扎紧土样前排出橡皮套与土样间的空气，见图5-12（a）。

③安放密封垫圈，安装压力室上罩，安装时应注意压力室上罩的竖杆与土样顶部是否接触，将储水瓶放置在较高位置，同时松开上部排气螺丝，向压力室内注入蒸馏水。等待水从排气螺丝处溢出时，在关闭阀门的同时拧紧排气螺丝，等待试验开始，见图5-12（b）。

（a）安放土柱　　　　　　　（b）安装压力室罩

图5-12　安装土样照片

（3）三轴试验

①打开电脑三轴仪控制软件，按照表5-13分别设置实验参数。

表5-13　三轴实验参数表

实验类型	围压 /kPa	剪切速率 /(mm·min^{-1})	数据采集时间间隔 /min	结束条件
CD 实验	100	0.009 6	3	应变达到 16 mm（即 20%）
	200			
	300			
	400			

②点击开始试验，等待围压达到预设值，并且保持稳定，然后点击剪切按钮，开始剪切，整个过程中系统会自动记录传感器采集的数据。等应变达到预设的破坏值后，系统会自动停止加载。

③至土样屈服破坏，即应变达到 15% ～ 20% 时，停止实验并保存数据。先按下围压复位按钮，可以看到围压会缓慢降低。待围压复位完成后，旋转压力室注水阀门转至排水方向，并打开排气孔，排出压力室的蒸馏水至储水瓶。启动轴向应变复位按钮，使升降工作台下降至原位，松开压力室罩螺母，取下压力室罩，取出破坏后的土样并记录，同时保存电脑自动采集的数据。

4. 结果分析

硼酸盐细粒盐渍土三轴试验数据见表 5-14，原始数据见附录 1。

表5-14　不同含盐量下硼酸盐细粒盐渍土应力峰值

围压 / kPa	100.0	200.0	300.0	400.0
含盐量 0.5% 应力峰值 / kPa	316.7	578.2	935.4	1 285.1
含盐量 1.0% 应力峰值 / kPa	310.2	564.3	864.0	1 160.5
含盐量 1.35% 应力峰值 / kPa	306.1	530.5	826.3	1 130.5
含盐量 2.0% 应力峰值 / kPa	263.7	490.9	785.2	1 070.8
含盐量 2.5% 应力峰值 / kPa	233.4	457.8	736.2	1 030.6
含盐量 3.0% 应力峰值 / kPa	245.9	466.4	748.8	1 044.5
含盐量 3.5% 应力峰值 / kPa	268.7	488.3	775.2	1 062.1
含盐量 4.0% 应力峰值 / kPa	281.5	516.7	811.3	1 098.2

根据试验结果绘制应力应变曲线及包络线（莫尔圆），结果见图 5-13。

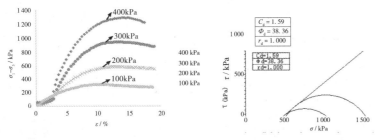

（a）含盐量 0.5% 应力应变曲线和包络线

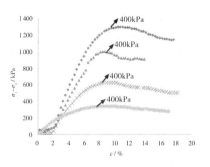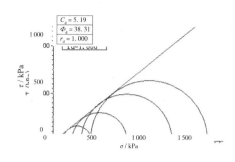

（b）含盐量 1.0% 应力应变曲线和包络线

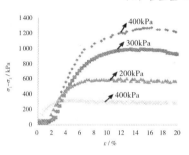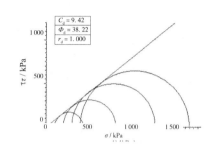

（c）含盐量 1.35% 应力应变曲线和包络线

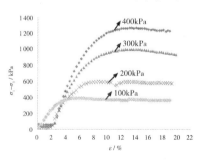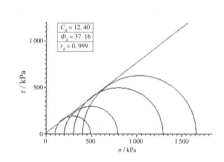

（d）含盐量 2.0% 应力应变曲线和包络线

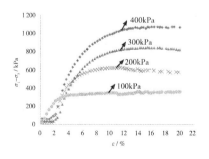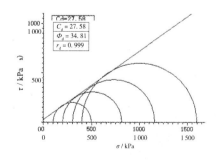

（e）含盐量 2.5% 应力应变曲线和包络线

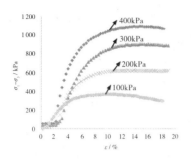
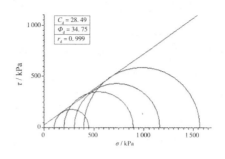

（f）含盐量3.0%应力应变曲线和包络线

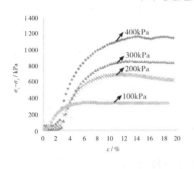
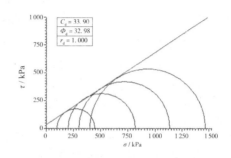

（g）含盐量3.5%应力应变曲线和包络线

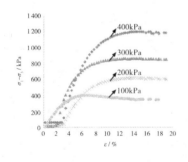
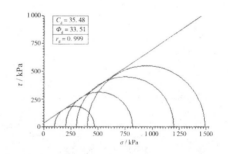

（h）含盐量4.0%应力应变曲线和包络线

图5-13　不同含盐量下硼酸盐细粒盐渍土应力应变曲线及包络线

　　由表5-14可知，硼酸盐细粒盐渍土在含盐量小于2.5%时，应力峰值随含盐量增加而降低；当含盐量大于2.5%时，应力峰值随含盐量增加而上升。当含盐量达到最大值4%时，其应力峰值仍远低于含盐量仅0.5%时。对比图5-13中各图，发现硼酸盐降低了细粒盐渍土本身强度。应力应变曲线显示，硼酸盐细粒盐渍土在较低含盐量状态下呈现应变软化型，随含盐量的升高，向应变硬化型转变。对比各应力应变曲线，发现硼酸盐细粒盐渍土应力应变曲线在初始阶段有一段相对水平的曲线，尤其在高围压下，这一现象更为明显，产生该现象的原因可能是盐渍土的溶陷性，高围压下土样会排出更多的水，土体中的硼酸盐随水一起被排出，给土体本身的结构造成破坏，产生许多细微的空隙，使在应变稳定增加时，应力并没有马上增加，而是增加得非常缓慢，直至将空隙全部压实后才出现增加的趋势。比较各含盐量下的包络线（莫尔圆），可以发现土体黏聚力（C_d）是随着含盐量的增大而增加的，而且在含盐量为 1.35% ~ 2.5% 时黏聚力增加最为明显，从 9.42 kPa 增加到了 27.58 kPa。在不同含盐量下，内摩擦角（Φ_d）随含盐量的增加而减小，同样在含盐量为 1.35% ~ 2.5% 时内摩擦角变化最为明显，从 38.22° 减少至 34.81°，随着含盐量的进一步增加，内摩擦角的变化量减小，最后趋于 33°。综合上述分析，可以发现硼酸盐降低了土体本身的强度，主要表现为内摩擦角的降低，但是随着含盐量的增加，硼酸盐对土体的黏聚力起到一定的正向影响，这一影响可以在一定程度上增加土体的抗剪强度，因此出现了在含盐量较大时土体的应力峰值增加这一现象，而且黏聚力和内摩擦角的变化都是在含盐量处于 1.35% ~ 2.5% 时变化较为明显，这也与土体应力峰值的变化在含盐量为 2.5% 时出现转折是一致的。

氯盐细粒盐渍土三轴试验数据见表 5-15，原始数据见附录 1。

表5-15　不同含盐量下氯盐细粒盐渍土应力峰值

围压 / kPa	100.0	200.0	300.0	400.0
含盐量 0.5% 应力峰值 / kPa	316.0	572.7	916.8	1 210.7
含盐量 1.0% 应力峰值 / kPa	360.8	643.1	930.2	1 109.4
含盐量 1.35% 应力峰值 / kPa	372	672.2	929.8	1 272.6
含盐量 2.0% 应力峰值 / kPa	380.6	720.4	958.6	1 239.5
含盐量 2.5% 应力峰值 / kPa	339.2	673.4	909.9	1 210.6
含盐量 3.0% 应力峰值 / kPa	325.2	670.2	895.1	1 210.1
含盐量 3.5% 应力峰值 / kPa	318.6	662.1	878.6	1 179.5
含盐量 4.0% 应力峰值 / kPa	292.5	660.6	865.2	1 241.8

根据试验结果绘制应力应变曲线及包络线（莫尔圆），结果见图 5-14。

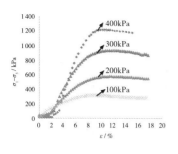
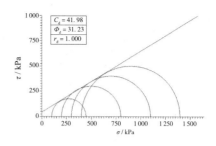

（a）含盐量 0.5% 应力应变曲线和包络线

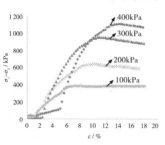
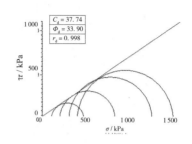

（b）含盐量 1.0% 应力应变曲线和包络线

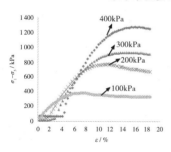
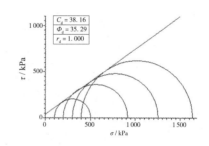

（c）含盐量 1.35% 应力应变曲线和包络线

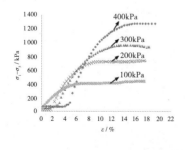
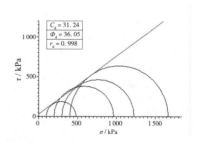

（d）含盐量 2.0% 应力应变曲线和包络线

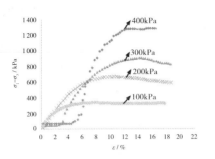
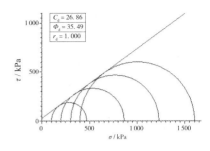

（e）含盐量 2.5% 应力应变曲线和包络线

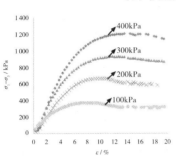
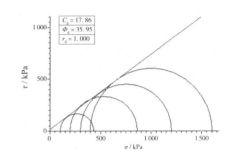

（f）含盐量 3.0% 应力应变曲线和包络线

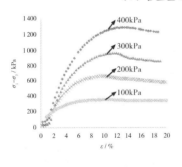
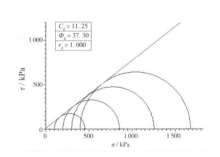

（g）含盐量 3.5% 应力应变曲线和包络线

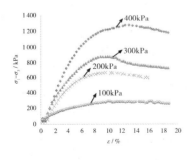
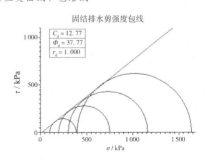

（h）含盐量 4.0% 应力应变曲线和包络线

图 5-14　不同含盐量下氯盐细粒盐渍土应力应变曲线

分析图 5-14 中各图发现，氯化钠细粒盐渍土被破坏时应力峰值在含盐量较低状态下随含盐量的增加而上升；在较高含盐量情况下，应力峰值随含盐量增加而降低，这一结果与硼酸盐正好相反。在较低含盐量情况下基本表现为应变硬化型，当含盐量超过 3.0% 时，逐渐变为应变软化型。对比各应力应变曲线，发现在较低的含盐量下，氯盐盐渍土应力应变曲线在初始阶段有一段相对水平的曲线，这一现象与硼酸盐细粒盐渍土一致。分析各含盐量下细粒盐渍土对应的包络线（莫尔圆），发现随含盐量增加，土体黏聚力（C_d）基本为减小趋势，且含盐量为 2.5% ~ 3.0% 时黏聚力的变化最为明显，从 26.86 kPa 降低至 17.86 kPa，共降低了 9 kPa；相反，内摩擦角（Φ_d）随含盐量的增加也表现为增加趋势，在含盐量为 3.0% ~ 3.5% 时内摩擦角变化最为明显，从 35.95° 增加至 37.30°。综合分析上述结果，产生这一变化规律的原因是由于氯盐对土体的黏聚力有明显的降低作用，虽然对内摩擦力起到了积极作用（表现为内摩擦角增加），使低含盐量时应力峰值稍有增加，但是随着含盐量的继续增大，土体黏聚力大幅降低，应力峰值在高含盐量状态下呈现降低趋势。

硫酸盐细粒盐渍土三轴试验数据见表 5-16，原始数据见附录 1。

表5-16　不同含盐量下硫酸盐细粒盐渍土应力峰值

围压 /kPa	100.0	200.0	300.0	400.0
含盐量 0.5% 应力峰值 / kPa	295.6	560.9	925.7	1 250.3
含盐量 1.0% 应力峰值 / kPa	283.2	569.2	998.5	1 155.2
含盐量 1.35% 应力峰值 / kPa	218.6	565.5	858.4	1 119.9
含盐量 2.0% 应力峰值 / kPa	131	448.8	776.6	1 005.9
含盐量 2.5% 应力峰值 / kPa	124.7	446.9	687.9	1 002.9
含盐量 3.0% 应力峰值 / kPa	256	366.3	659.2	965.9
含盐量 3.5% 应力峰值 / kPa	116.5	260.5	647.4	992.6
含盐量 4.0% 应力峰值 / kPa	89.6	258.3	589.2	903

根据试验结果绘制应力应变曲线及莫尔圆，结果见图 5-15。

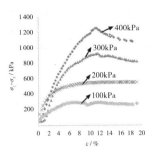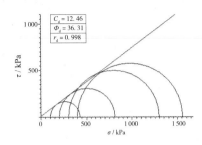

（a）含盐量 0.5% 应力应变曲线

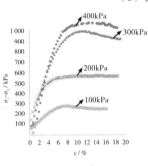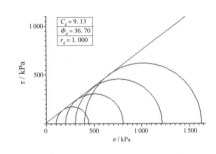

（b）含盐量 1.0% 应力应变曲线

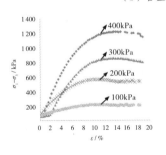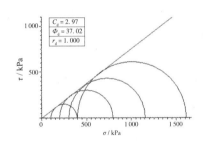

（c）含盐量 1.35% 应力应变曲线

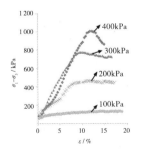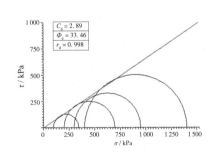

（d）含盐量 2.0% 应力应变曲线

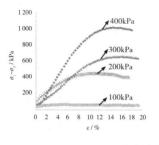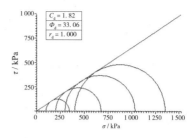

（e）含盐量 2.5% 应力应变曲线

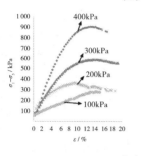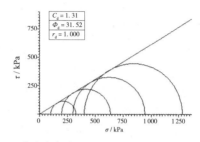

（f）含盐量 3.0% 应力应变曲线

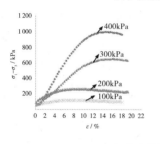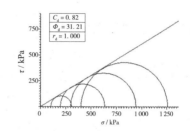

（g）含盐量 3.5% 应力应变曲线

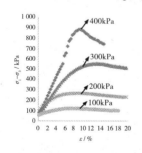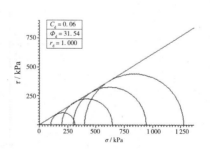

（h）含盐量 4.0% 应力应变曲线

图 5-15 不同含盐量下硫酸盐细粒盐渍土应力应变曲线

分析图 5-15 中各图，硫酸盐细粒盐渍土破坏时，应力峰值随含盐量的增加而降低。根据各应力应变曲线，可以看出硫酸盐细粒盐渍土基本都呈应变软化型，同时对比硫酸盐细粒盐渍土应力应变曲线与上述其他盐渍土的应力应变曲线的异同，可以看出硫酸盐细粒盐渍土的应力应变曲线并没有出现由于溶陷引起的应力应变曲线相对水平的部分，这是由于硫酸盐对土体产生的盐胀作用更为明显。由于本试验采用的土样含水率为18%，并没有饱和，在这一含水率下，对于硫酸盐细粒盐渍土而言，盐胀作用要大于溶陷，硫酸盐的应力应变曲线反而在初始应变发生时就已经有了相对较大的主应力差，并且含盐量越高，初始应变开始时的主应力差越大。对比分析各含盐量下盐渍土对应的包络线（莫尔圆），发现硫酸盐细粒盐渍土随着含盐量增大，土体黏聚力（C_d）基本为减小趋势，且在低含盐量（含盐量为0.5%～1.35%）时变化最为明显，从12.46 kPa降低至2.97 kPa，共减小了9.49 kPa，而内摩擦角（Φ_d）也随含盐量的增加表现为降低趋势，两者都在较高含盐量的条件下变化趋势开始降低。因此，可以认为硫酸盐会降低土体本身的强度，表现为硫酸盐细粒盐渍土黏聚力和内摩擦角都随含盐量的增加而降低，当含盐量持续增大，这种影响逐渐减弱。这是由于硫酸盐以溶液形式拌入土中，含盐量较低时，硫酸盐结晶水产生盐胀并不明显，反而随着水一起排出的硫酸盐较多，而当硫酸盐含量增加时，结晶水产生的盐胀作用越来越明显，强度就不再持续降低。

5.3.2 本构模型理论研究

1. 基本理论：一般弹塑性材料的应力计算

在材料力学中，材料在外力作用下的基本应力分析见图5-16。

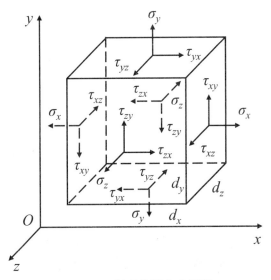

图5-16 微元体受力分析图

$$\sigma_{ij} = \begin{bmatrix} \sigma_x & \tau_{xy} & \tau_{xz} \\ \tau_{yx} & \sigma_y & \tau_{yz} \\ \tau_{zx} & \tau_{zy} & \sigma_z \end{bmatrix} = \begin{bmatrix} \sigma_{11} & \sigma_{12} & \sigma_{13} \\ \sigma_{21} & \sigma_{22} & \sigma_{23} \\ \sigma_{31} & \sigma_{32} & \sigma_{33} \end{bmatrix} \quad (5.3)$$

式中：σ_x 为 x 方向的正应力；τ_{xy} 为 x,y 平面上剪应力。

6 个独立变量用矩阵表示：

$$\{\boldsymbol{\sigma}\} = \begin{Bmatrix} \sigma_x \\ \sigma_y \\ \sigma_z \\ \tau_{xy} \\ \tau_{yz} \\ \tau_{zx} \end{Bmatrix} \quad (5.4)$$

此式常用于数值计算。人为规定，以压应力为正应力。向逆时针方向的剪应力为正应力，反之为负。

（1）土的应力变形特性

土体应力变形的一些基本特性可以对σ～ε关系造成直接影响。主要包括以下几个方面。

①非线性

σ～ε关系从开始就不是线弹性特征的，由于土由碎散的固体颗粒组成，土体的变形主要是土颗粒的改变，不相同应力引起应变不同即表现出非线性。

②压硬性

压硬性是指土体在变形过程中颗粒间空隙逐渐减小，土体被压密，弹性模量逐渐增大。

③剪胀性

剪胀性主要是由于土体收到剪应力的作用使土体的颗粒再次排列，加大（或减少）颗粒间的孔隙，从而发生体积变化，既包括体胀，也包括体缩，但后者常被称为"剪缩"。

④摩擦性

土颗粒间本身存在摩擦力，由于土体发生应变时土颗粒间发生相对位移，因此土体发生应变时的总应力与土颗粒间的摩擦力有一定关系。

这是土体特有的几种基本特性，直接关系土体的σ～ε关系。

（2）特殊土性质

除上述土体共有的力学性质的外，由于本书研究的是细粒盐渍土的力学性质，因此还存在一些其他影响性质，这些特性是细粒盐渍土所独有的。

①溶陷性

由于细粒盐渍土中存在大量的易溶盐，在土体发生应变过程中，易溶盐会随着水的排出而流失，造成土体颗粒间空隙增大。由于土体的负载影响，增大的空隙会被压密，因此土体的应变会增大。

②盐胀性

在较低含水量的情况下，细粒盐渍土存在的某些易溶盐以结晶形式析出时会有体积的变化。以硫酸钠为例，其以结晶析出时会结合结晶水，同时造成土体体积增大，这一现象称为盐胀。由于盐胀作用的影响，土体发生正应变时的正应力必须克服盐胀力。

③其他影响

由上述研究的三种盐对其所对应的细粒盐渍土的力学性质的影响可知，三种盐都对土体的强度、土体内摩擦角及黏聚力产生了一定的影响，甚至对土体破坏的应力变化也产生了一定的影响。这便说明易溶盐对土体的结构产生了影响。

2. 土的弹性模型

目前研究的土体模型大多数是基于广义胡克定律理论，而随着工程难度的提升，对土体的模型精度要求也越来越高，因此为更好地反映土体的应力应变关系，非线弹性模型的研究开始出现。

只需要两个参数基本就可以确定一个线弹性模型，即 E 和 ν 或 K 和 G 或 λ 和 μ。其中，E 为模量，ν 为泊松比，k 为体积模量，G 为剪切模量，λ、μ 为拉梅常数。其应力应变关系可表示如下。

（1）广义胡克定律

$$\varepsilon_x = \frac{1}{E} \cdot \left[\sigma_x - v\left(\sigma_y + \sigma_z \right) \right] \quad \gamma_{xy} = \frac{2 \cdot (1+v)}{E} \cdot \tau_{xy}$$

$$\varepsilon_y = \frac{1}{E} \cdot \left[\sigma_y - v\left(\sigma_z + \sigma_x \right) \right] \quad \gamma_{yz} = \frac{2 \cdot (1+v)}{E} \cdot \tau_{yz} \tag{5.5}$$

$$\varepsilon_z = \frac{1}{E} \cdot \left[\sigma_z - v\left(\sigma_x + \sigma_y \right) \right] \quad \gamma_{zx} = \frac{2 \cdot (1+v)}{E} \cdot \tau_{zx}$$

式中，弹性常数通过单向拉伸或压缩试验确定。

$$E = \frac{\sigma_a}{\varepsilon_a} \quad \mu = -\frac{\varepsilon_r}{\varepsilon_a} \tag{5.6}$$

$$p = K \cdot \varepsilon_v, q = 3 \cdot G \cdot \bar{\varepsilon} \tag{5.7}$$

式中,

$$K = \frac{E}{3 \cdot (1 - 2 \cdot v)}$$

$$G = \frac{E}{2 \cdot (1 + v)} \tag{5.8}$$

弹性常数 K 和 G 分别为 $q \sim \xi_v$ 和 $q \sim \bar{\xi}$ 直线关系的斜率。

（2）增量形式的广义胡克定律

$$\delta\varepsilon_x = \frac{1}{E_t} \cdot \left[\delta\sigma_x - v_t \cdot \left(\delta\sigma_y + \delta\sigma_z \right) \right] \quad \delta\gamma_{xy} = \frac{2 \cdot (1 + v_t)}{E_t} \cdot \delta\tau_{xy}$$

$$\delta\varepsilon_y = \frac{1}{E_t} \cdot \left[\delta\sigma_y - v_t \cdot \left(\delta\sigma_z + \delta\sigma_x \right) \right] \quad \delta\gamma_{yz} = \frac{2 \cdot (1 + v_t)}{E_t} \cdot \delta\tau_{yz} \tag{5.9}$$

$$\delta\varepsilon_z = \frac{1}{E_t} \cdot \left[\delta\sigma_z - v_t \cdot \left(\delta\sigma_x + \delta\sigma_y \right) \right] \quad \delta\gamma_{zx} = \frac{2 \cdot (1 + v_t)}{E_t} \cdot \delta\tau_{zx}$$

$$dp = K_t \cdot d\varepsilon_v$$

$$dp = 3 \cdot G_t \cdot d\bar{\varepsilon}_v \tag{5.10}$$

其中,

$$K_t = \frac{E_t}{3 \cdot (1 - 2 \cdot v_t)}$$

$$G_t = \frac{E_t}{2 \cdot (1 + v_t)} \tag{5.11}$$

式中：E 为杨氏模量；v 为泊松比；G 是剪切模量。

其中：

①杨氏模量（E），在侧限条件下（$\sigma_y = \sigma_z = 0$），轴向应变与轴向应力关系如下

$$\sigma_x = E\varepsilon_x \left(\sigma_x = \sigma, \sigma_y = \sigma_z = 0 \right) \tag{5.12}$$

②泊松比（v），在侧限条件下（$\sigma_x = \sigma$，$\sigma_y = \sigma_z = 0$），轴向应变与轴向应力关系如下

$$\varepsilon_y = \varepsilon_z = -v\varepsilon_x \quad \left(\sigma_x = \sigma, \sigma_y = \sigma_z = 0 \right) \tag{5.13}$$

③剪切模量（G），用以描述剪应力与剪应变之间的关系。

5.3.3 本构模型建立

1.模型选取

取西宁盆地细粒盐渍土原状土，对其进行细观结构研究，得到电子显微镜图像（图5-17）。

（a） （b） （c）

图5-17　JSM-6610LV电子显微镜扫描图像

根据电镜扫描特征，西宁盆地细粒盐渍土的细观结构可以概括为以下几种形式（图5-18）。

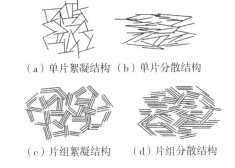

（a）单片絮凝结构 （b）单片分散结构

（c）片组絮凝结构 （d）片组分散结构

图5-18　西宁盆地细粒盐渍土的两种结构形式

通过电镜扫描结果，细粒盐渍土微观土体结构以片组结构为主，结构特征与含节理裂隙的岩石特征相似。同时，从实地勘察发现，细粒盐渍土中的空隙均被盐晶体充填，在所含盐晶体的结晶力和范德华力的作用下，细粒盐渍土具有与弹塑性材料相似的力学特性。当土的片状结构中充填盐结晶，导致土体呈非线弹性材料的力学性质，可以将土体看作连续介质体，在一定程度上反映盐渍土变形的弹塑性。

（1）邓肯—张模型

该模型基本假设条件如下：

建筑荷载引起的地基土体附加应力场，可近似采用同样荷载作用下在线弹性半空间无限体所产生的附加应力场。

土体力状态应力—应变符合非线性弹性变形。

地基土体横向断面受力状态为平面应变状态。

邓肯—张模型能够较好地描述土体的应力路径及反映土体的应力应变关系，该模型的关系式如下：

$$\sigma_1 - \sigma_3 = \frac{\varepsilon_1}{a + b\varepsilon_1} \tag{5.14}$$

式中：ε_1 为主应变；σ_1 为主应力；σ_3 为侧应力；a, b 为实验常数（a 与实验中起始变形模量 E_i 有关；b 与应力应变曲线渐近线斜率有关）

模型参数确定，确定破坏比 R_f

$$R_f = \frac{(\sigma_1 - \sigma_3)_f}{(\sigma_1 - \sigma_3)_u} \tag{5.15}$$

式中：$(\sigma_1 - \sigma_3)_f$ 为应力峰值时的 $\sigma_1 - \sigma_3$；$(\sigma_1 - \sigma_3)_u$ 为 ε_1 趋于无穷时的值，实验时一般取 $15\% (\sigma_1 - \sigma_3)_f$。

$$(\sigma_1 - \sigma_3)_u = \frac{1}{b} \tag{5.16}$$

$$b = \frac{\left(\dfrac{\varepsilon_a}{\sigma_1 - \sigma_3}\right)_{95\%} - \left(\dfrac{\varepsilon_a}{\sigma_1 - \sigma_3}\right)_{70\%}}{(\varepsilon_a)_{95\%} - (\varepsilon_a)_{70\%}} \tag{5.17}$$

$$a = \frac{2}{\left(\dfrac{\varepsilon_a}{\sigma_1 - \sigma_3}\right)_{95\%} + \left(\dfrac{\varepsilon_a}{\sigma_1 - \sigma_3}\right)_{70\%} - \left(\dfrac{1}{\sigma_1 - \sigma_3}\right)_u \left[(\varepsilon_a)_{95\%} - (\varepsilon_a)_{70\%}\right]} \tag{5.18}$$

或者：

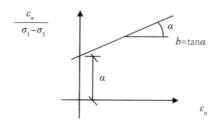

其中：ε_a 为轴向应变。

邓肯—张模型以弹性力学为基础，基于弹性力学的假设建立。弹性力学的基本假设主要包括弹性体的连续性、均匀性、各向同性、完全弹性、小变形假设。

该模型可以反映土变形的非线弹性，因此本书研究的理论依据将采用邓肯—张模型为基础模型。

（2）南水模型

由三轴试验结果可知，盐渍土存在应变硬化及应变软化现象，并且力学性质受含盐量影响较大，因此单纯的非线弹性模型（邓肯—张模型）并不能够完全描述盐渍土应力应变关系。考虑采用德马舒克理论引入双曲面模型，将上述模型改写为以下结构，即沈珠江院士提出的南水模型

$$\sigma_1 - \sigma_3 = \frac{\varepsilon_1(a + c\varepsilon_1)}{(a + b\varepsilon_1)^2} \quad (5.19)$$

式中：a, b, c 为实验测得的常数。

峰值应力时有

$$\varepsilon_{1f} = \frac{a}{b - 2c} \quad (5.20)$$

式中：ε_{1f} 为应力峰值时的轴向应变。

当轴应变趋于无穷大时，引入折减系数 λ：

$$\lambda(\sigma_1 - \sigma_3)_u = \frac{c}{b^2} \quad (5.21)$$

引入参数

$$R_f = \frac{(\sigma_1 - \sigma_3)_u}{(\sigma_1 - \sigma_3)_f} \quad \alpha = \frac{1 - \sqrt{1 - \lambda R_f}}{2\lambda R_f}$$

所以：

$$a = \frac{0.5 - \alpha}{(\sigma_1 - \sigma_3)_f}\varepsilon_{1f} \quad (5.22)$$

$$b = \frac{\alpha}{(\sigma_1 - \sigma_3)_f} \quad (5.23)$$

$$c = \frac{\alpha - 0.25}{(\sigma_1 - \sigma_3)_f} \quad (5.24)$$

2. 模型建立

由于上述模型在描述细粒盐渍土的应力应变关系上均不能更好地反映细粒盐

渍土的力学特性，所以采用简化南水双曲线模型为基础，建立新的本构模型。

将在上述模型简化，修改参数，得到以下模型

$$\sigma_1 - \sigma_3 = \frac{\varepsilon_1 (A\varepsilon_1 + B)}{D\varepsilon_1^2 + C} \tag{5.25}$$

式中：A、B、C、D 为参数。

同上引入折减系数 λ：

$$A = \lambda (\sigma_1 - \sigma_3)_u \tag{5.26}$$

认为应力的峰值为数学式的极值点处，对 $\sigma_1 - \sigma_3$ 求导，则有：

$$(\sigma_1 - \sigma_3)_f = \frac{A\varepsilon_{1f}^2 + B\varepsilon_{1f}}{D\varepsilon_{1f}^2 + C} \tag{5.27}$$

当土体应力应变曲线达到峰值时，在数学函数上对应点为极值，因此该点导数为零，即

$$\frac{d(\sigma_1 - \sigma_3)_f}{d\varepsilon_1} = 0 \tag{5.28}$$

根据广义胡克定律，对该方程求微可得如下方程：

$$d\varepsilon_y = \frac{\partial \varepsilon_y}{\partial \sigma_y} + d(v_t)\frac{\partial \varepsilon_x + \partial \varepsilon_z}{\partial \sigma_y} \tag{5.29}$$

引入细粒盐渍土弹性模量 E_y、土体自身弹性模量 E_1、细粒盐渍土盐胀及溶陷模量 E_2，则上式可以改写为

$$\frac{1}{E_y} = \frac{1}{E_1} + \frac{1}{E_2}\frac{d(v_t)}{\partial \sigma_y} \tag{5.30}$$

将（5.25）求微分，带入上式，可得

$$\frac{1}{E_y} = \frac{D\varepsilon_1^2 + C}{A(1 + 2B\varepsilon_1 + \varepsilon_1^2)} \tag{5.31}$$

与（5.28）、（5.30）联立，可得

$$\frac{B}{D}\varepsilon_1^2 - 2AC\varepsilon_1 - \frac{BC}{D} = 0 \tag{5.32}$$

在盐渍土发生应变软化时，在应变取无穷时应收敛，则对 ε_{1f} 取微分，有

$$D = \frac{1 - \sqrt{1 - \varepsilon_{1f}}}{2\varepsilon_{1f}} + \varepsilon_{1f} \tag{5.33}$$

将上式联立解得 A、B、C、D 参数

$$A = \lambda \left(\sigma_1 - \sigma_3 \right)_u \tag{5.34}$$

$$B = \frac{\varepsilon_{1f} \left[2 \left(\sigma_1 - \sigma_3 \right)_f - 3A \right] + \varepsilon_{1f} \sqrt{A^2 + 4 \left(\sigma_1 - \sigma_3 \right)_f \left[\left(\sigma_1 - \sigma_3 \right)_f - A \right]}}{2} \tag{5.35}$$

$$C = \frac{\varepsilon_{1f}^2 \sqrt{A^2 + 4 \left(\sigma_1 - \sigma_3 \right)_f \left[\left(\sigma_1 - \sigma_3 \right)_f - A \right]} - A\varepsilon_{1f}^2}{2 \left(\sigma_1 - \sigma_3 \right)_f} \tag{5.36}$$

$$D = \frac{1 - \sqrt{1 - \varepsilon_{1f}}}{2\varepsilon_{1f}} + \varepsilon_{1f} \tag{5.37}$$

根据以上公式带入三轴试验结果可以计算出模型所需参数 A、B、C、D，其中 $\frac{B}{D}$ 与盐渍土的弹性模量有关，A 反映了细粒盐渍土应力峰值的大小，C 反映了细粒盐渍土在应变破坏后发生的软化与硬化的变化。

5.3.4　模型检验

选取含盐量为 0.5% 的硼酸盐细粒盐渍土作为拟合对象，根据模型参数公式（5.34）、（5.35）、（5.36）、（5.37）计算模型参数，见表 5-17：

表5-17　不同围压下含盐量0.5%的硼酸盐细粒盐渍土模型参数计算表

围压 /kPa	100.0	200.0	300.0	400.0
$\left(\sigma_1 - \sigma_3 \right)_f$ / kPa	316.7	578.2	935.4	1 285.1
$\left(\sigma_1 - \sigma_3 \right)_u$ / kPa	47.5	86.7	140.3	192.8
λ	1	1	1	1
ε_{1f}	0.102	0.129	0.129	0.138
A	47.5	86.7	140.3	192.8
B	54.92	126.81	205.10	301.47
C	0.09	0.01	0.01	0.02
D	0.36	0.39	0.39	0.40

将上表中计算得到各参数值带入（5.25），得到如下含盐量 0.5% 的硼酸盐细粒盐渍土模型。

$$\sigma_1 - \sigma_3 = \frac{\varepsilon_1 \left(47.5\varepsilon_1 + 54.92 \right)}{0.36\varepsilon_1^2 + 0.09} \tag{5.38}$$

$$\sigma_1 - \sigma_3 = \frac{\varepsilon_1 \left(86.7\varepsilon_1 + 126.81\right)}{0.36\varepsilon_1^2 + 0.01} \tag{5.39}$$

$$\sigma_1 - \sigma_3 = \frac{\varepsilon_1 \left(140.3\varepsilon_1 + 205.1\right)}{0.39\varepsilon_1^2 + 0.01} \tag{5.40}$$

$$\sigma_1 - \sigma_3 = \frac{\varepsilon_1 \left(192.8\varepsilon_1 + 301.47\right)}{0.4\varepsilon_1^2 + 0.02} \tag{5.41}$$

绘制上述模型函数图像，并与相对应的硼酸盐细粒盐渍土应力应变曲线做拟合对比，得到图 5-19。

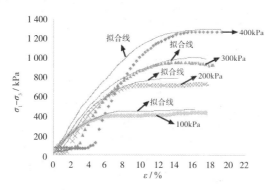

图 5-19　0.5% 的硼酸盐细粒盐渍土应力应变计算拟合曲线

可以看出该模型可以较好地反映土体的应力应变关系，尤其是对破坏后发生的应变软化的描述也比较好。在不同围压下，通过模型计算的应力应变曲线峰值略大于实验结果。

选取含盐量为 2.0% 的氯盐细粒盐渍土作为拟合对象，根据模型参数公式，计算模型参数，见表 5-18。

表5-18　不同围压下含盐量2.0%的氯盐细粒盐渍土模型参数计算表

围压 /kPa	100.0	200.0	300.0	400.0
$(\sigma_1 - \sigma_3)_f$ / kPa	380.6	720.4	958.6	1 239.5
$(\sigma_1 - \sigma_3)_u$ / kPa	57.1	108.6	143.8	185.9
λ	1	1	1	1
ε_{1f}	0.172	0.173	0.172	0.175
A	57.1	108.6	143.8	185.9

围压 /kPa	100.0	200.0	300.0	400.0
B	111.28	211.68	284.94	368.76
C	0.035	0.035	0.035	0.036
D	0.43	0.43	0.43	0.44

将上表中计算得到各参数值带入（5.25），得到如下含盐量 2.0% 的氯酸盐细粒盐渍土模型。

$$\sigma_1 - \sigma_3 = \frac{\varepsilon_1\left(57.1\varepsilon_1 + 111.28\right)}{0.43\varepsilon_1^2 + 0.035} \tag{5.42}$$

$$\sigma_1 - \sigma_3 = \frac{\varepsilon_1\left(108.6\varepsilon_1 + 211.68\right)}{0.43\varepsilon_1^2 + 0.035} \tag{5.43}$$

$$\sigma_1 - \sigma_3 = \frac{\varepsilon_1\left(143.8\varepsilon_1 + 284.94\right)}{0.43\varepsilon_1^2 + 0.035} \tag{5.44}$$

$$\sigma_1 - \sigma_3 = \frac{\varepsilon_1\left(185.9\varepsilon_1 + 368.76\right)}{0.44\varepsilon_1^2 + 0.036} \tag{5.45}$$

绘制上述模型函数图像，并与相对应的氯盐细粒盐渍土应力应变曲线做拟合对比，得到图 5-20。

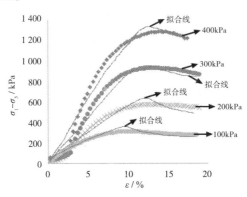

图5-20　2.0%的氯盐细粒盐渍土应力应变计算拟合曲线

可以看出该模型可以较好地反映土体的应力应变关系，尤其是对破坏后发生的应变硬化的描述也比较好。但是，从图中可以看出氯盐细粒盐渍土在剪切开始时，随着应变的稳定变化，应力并没有明显增加的趋势，而是经过一段相对水平的应力曲线后才明显随应变增加，这是由于盐渍土的溶陷作用引起的，而这一现象该方程并不能很好地对此描述。

选取含盐量为 3.5% 的硫酸盐细粒盐渍土作为拟合对象，根据模型参数公式，计算模型参数见表 5-19：

表5-19 不同围压下含盐量3.5%的硫酸盐细粒盐渍土模型参数计算表

围压 /kPa	100.0	200.0	300.0	400.0
$(\sigma_1 - \sigma_3)_f$ / kPa	116.5	260.5	647.4	992.6
$(\sigma_1 - \sigma_3)_u$ / kPa	17.5	39.1	97.1	148.9
λ	1	1	1	1
ε_{1f}	0.076	0.088	0.151	0.150
A	17.5	39.1	97.1	148.9
B	15.05	38.97	199.20	253.11
C	0.005	0.006	0.019	0.019
D	0.33	0.34	0.41	0.41

将上表中计算得到各参数值带入（5.25），得到如下含盐量 3.5% 的硫酸盐细粒盐渍土模型。

$$\sigma_1 - \sigma_3 = \frac{\varepsilon_1(17.5\varepsilon_1 + 15.05)}{0.33\varepsilon_1^2 + 0.005} \tag{5.46}$$

$$\sigma_1 - \sigma_3 = \frac{\varepsilon_1(39.1\varepsilon_1 + 38.97)}{0.34\varepsilon_1^2 + 0.006} \tag{5.47}$$

$$\sigma_1 - \sigma_3 = \frac{\varepsilon_1(97.1\varepsilon_1 + 199.2)}{0.41\varepsilon_1^2 + 0.019} \tag{5.48}$$

$$\sigma_1 - \sigma_3 = \frac{\varepsilon_1(148.9\varepsilon_1 + 253.11)}{0.41\varepsilon_1^2 + 0.019} \tag{5.49}$$

绘制上述模型函数图像，并与相对应的硫酸盐细粒盐渍土应力应变曲线做拟合对比，得到图 5-21。

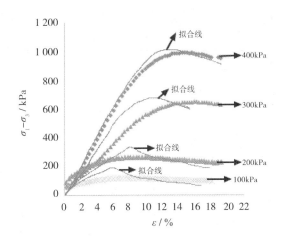

图5-21　3.5%的硫酸盐细粒盐渍土应力应变计算拟合曲线

比较上表中各围压下的参数计算结果，围压为 400 kPa、300 kPa 时计算所得参数 C、D 值基本一致，围压 400 kPa 时的应力应变曲线拟合效果较好；在较低围压下的应力应变曲线拟合效果一般，原因是硫酸盐细粒盐渍土受到盐胀影响，应变开始时已经出现了较大的主应力差，尤其在较低围压下，应力峰值相对较小，盐胀影响就更明显，因此建议在拟合时对参数 C 做一定的修正，以达到最佳拟合效果。

5.4　青海盐渍土工程特性综合分类研究

5.4.1　基于模糊聚类法的盐渍土分类

模糊聚类法是在相应的要求和规律条件下，通过使用模糊数学理论对事物进行分类的一种数学方法。其本质是数理统计中的多元分析法，其应用是由于在现实生活的环境中，人们对大部分事物的分类常伴随模糊性，而通过模糊数学的方法对不同事物进行聚类分析，可使结果更趋于自然且符合客观事实。

1. 模糊聚类法具体步骤

模糊聚类法最基础的思想是先将研究的所有样本个体各自划为一类，然后对各个样本进行相似度计算，再利用计算结果将所有的样本中最接近（或距离最短）的两类整合为新的一类，之后反复地重复上述过程，最终将所有的原始样本个体都归为同一类。主要步骤如下。

（1）原始数据准备

原始数据准备主要将试验得到的原始数据（各采样点所采集盐渍土的基础土工数据）进行抽象化处理，放大或缩小一定的倍数（矩阵内部不同列其倍数可以不同），再将处理后的数据进行整合，得到原始数据矩阵。

（2）原始数据标准化

原始数据标准化是将得到的原始数据矩阵进行标准化处理。设要研究的分类问题共有 n 个样本、m 个特性指标，则其原始数据矩为

$$Y = \begin{bmatrix} y_{1n} & \cdots & y_{1m} \\ \vdots & \ddots & \vdots \\ y_{n1} & \cdots & y_{nm} \end{bmatrix} \qquad (5.50)$$

由于样本的 m 个特性指标的各个数据的量纲跟数量不同，所以如果直接使用式（5.50）的原始矩阵进行模糊计算的话，特性指标中的部分数量级较小的数据会在不同程度上对最终的分类结果产生影响。为减少其数据的影响，需要对原始数据的矩阵实行无量纲化处理，通过无量纲化处理后，m 个特性指标在某一共同的数据特性范围内具有统一性。这一数据处理过程就是原始数据的标准化。对盐渍土的各个特性指标进行标准化多采用均值法，即将原始数据矩阵中的各个列的元素（y_{ij}）除以该列的标准值，其相除所得商即作为标准化数据矩阵后其列的元素 x_{ij}，其标准化矩阵如下：

$$X = \begin{bmatrix} x_{1n} & \cdots & x_{1m} \\ \vdots & \ddots & \vdots \\ x_{n1} & \cdots & x_{nm} \end{bmatrix} \qquad (5.51)$$

（3）构造模糊相似矩阵

利用标准化处理好的数据矩阵 X，采用绝对指数法，将此标准化矩阵构造成相应的 $n \times n$ 的相似矩阵 R。其公式为：

$$r_{ij} = \exp\left(-c \sum_{k=1}^{m} |x_{ik} - x_{jk}| \right) \qquad (5.52)$$

式中：r_{ij} 为描述各列对象 x_i、x_j 相互之间的相关程度，且 r_{ij} 取值为 $0 \sim 1$，$r_{ij}=r_{ji}$，$r_{ii}=1$（i，$j=1$，$\cdots$，n）；x_{ij} 为上述标准化矩阵 X 中的 i 行 k 列；x_{ji} 为标准化矩阵 X 中的 j 列 k 行。

（4）计算传递包 $t(R)$

将上述步骤中得到的相似矩阵 R 进行多次平方运算：

$$R \Rightarrow R_2 \Rightarrow R_4 \Rightarrow \cdots \Rightarrow R_2 k, \quad t(R) = R_2 k \qquad (5.53)$$

其中，令 $2k \leqslant n$，得到 $k \leqslant \log_2 n$（$\log_2 n$ 为 log 以 2 为底 n 的对数），故最多将相似矩阵 **R** 复合（$\log_2 n$）+1 次即可求得所需要的传递包。

（5）动态聚类

使用传递闭包法对青海盐渍土进行分类，将第（4）步中得到的相似矩阵 **R** 的传递闭包 $t(R)$ 后，通过选取不同的阈值 λ，就能得到一组不同的 λ 水平截矩阵。其中一个 λ 水平截矩阵就代表一个聚类。一个不同的阈值 λ，与之对应一套不同的聚类结果，其中当 λ 的取值范围从 1 变化到 0 时，其分类组数从 n 类到 1 类变化。

使用模糊聚类法对青海盐渍土进行分类，主要原因是其原理易于理解，操作过程简单，但由于本身基础数据较多，所建矩阵巨大，处理过程烦琐，不宜在文章正文中展出。事实上，实现盐渍土分类的过程只需要将原始数据编入矩阵，输入计算机，利用附录 2 中的 MATLAB 就可以完成。其模糊聚类图也可通过计算机来完成。

2. 青海盐渍土区模糊聚类成果

（1）西宁盆地盐渍土区模糊聚类成果

选取西宁盆地中代表性的 10 个采样点的盐渍土基础土工数据进行聚类分析，将数据输入到附录 2 中的 MATLAB 程序中，最终得到的模糊聚类图见图 5-22，图中左侧代表 λ 的不同取值，右侧数据表示不同 λ 的取值范围下，西宁盆地盐渍土的分类个数，图上端数字则表示野外盐渍土采样点的编号。

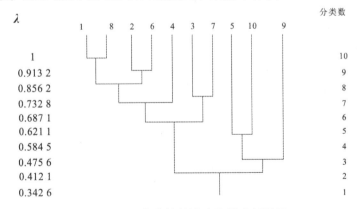

图5-22　西宁盆地盐渍土聚类分析结果

由图 5-22 可知，当 $0.913\,2 < \lambda < 1.0$ 时，1、8 归为一类，其他各自为一类，共 9 类。依此类推，不同水平阈值 λ 下有不同的分类情况。

对聚类结果进行分析，同时结合野外勘察得到的西宁盐渍土特征、室内的试验结果，选取水平阈值为 0.584 5<λ< 0.475 6，将检测区域分为类时与实际情况最为接近，即分为强盐胀型、中盐胀轻溶陷型、中盐胀中溶陷三类盐渍土。

（2）茶卡盐湖盐渍土区模糊聚类成果

选取茶卡盐湖地区 20 个采样点中的 12 个代表性的盐渍土基础土工数据进行聚类分析，将数据输入附录 2 中的 MATLAB 程序中，最终得到的模糊聚类图见图 5-23。

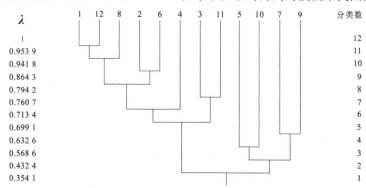

图5-23 茶卡盐湖周围盐渍土区聚类分析成果

同样根据之前三、四章盐胀溶陷试验结果，结合各个采样点易溶盐含量、粒径级配特征，选取水平阈值为 0.632 6 < λ < 0.568 6，将检测区域分为三类时与实际情况最为接近，即分为强溶陷型、中溶陷轻盐胀型、中溶陷中盐胀三类盐渍土。盐湖周边盐渍土主要表现为溶陷特性。

（3）柴达木盆地盐渍土区模糊聚类成果

对柴达木盆地 20 个采样点的盐渍土基础土工数据进行聚类分析，将数据输入附录 2 中的 MATLAB 程序中，最终得到的模糊聚类图 5-24 如所示。

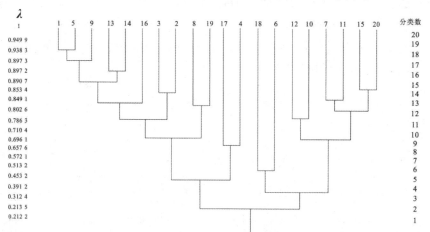

图5-24 柴达木盆地盐渍土聚类分析结果

对图 5-24 同样根据之前三、四章盐胀溶陷试验结果，结合各个采样点易溶盐含量、粒径级配特征，选取水平阈值为 0.453 2< λ < 0.513 2，将检测区域分为五类时与实际情况最为接近，即分为强溶陷型、中溶陷轻盐胀型、中溶陷中盐胀、轻溶陷中盐胀、强盐胀型五类盐渍土。

5.4.2 青海东部地区盐渍土分类分区投影

通过模糊聚类法对青海各盐渍土分区的盐渍土进行分类，并结合上述所示盐渍土综合分类结果，选取合适阈值 λ，对青海各盐渍土分区中的盐渍土进行分类，将分类结果及探井具体坐标投影到青海地区地形图上，得到青海盐渍土投影图。

1. 盐渍土分区微元法剖分

对盐渍土区进行投影，应先对各盐渍土分区进行均匀剖分，因为剖分的结果直接影响着后续盐渍土分析结果的精确性。为使分区更加科学，更能反映盐渍土分布的特点，这里利用微元法剖分原则对盐渍土分区进行剖分。

微元法是分析、解决物理问题中的常用方法，也是从部分到整体的思维方法。该方法可以使一些复杂的物理过程以我们熟悉的物理规律迅速地加以解决，使所求问题简单化。在使用微元法处理问题时，需要将其分解为众多微小的"元过程"，而且每个"元过程"所遵循的规律是相同的。这样，我们只需分析这些"元过程"，然后再将"元过程"进行必要的数学方法或物理思想处理，进而对问题进行求解。

利用微元法对盐渍土分区进行剖分，可选择以方块的形式进行，将剖分所得的每块格子内盐渍土进行类型分析，再将剖分格子连接成片便可得到盐渍土类型的分区结果：分区格数较少，最终分区结果中各分区边界会呈棱角状；剖分块数越多，则边界越来越圆滑；当剖分格数接近无限时，边界便化直为曲，就最终得到青海东北部盐渍土区域剖分结果（图 5-25）。

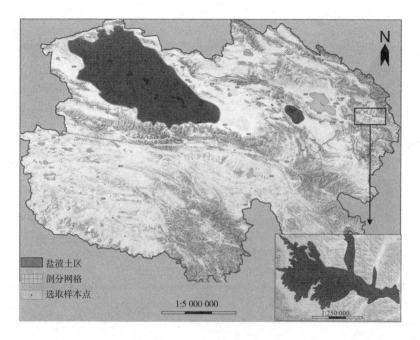

图 5-25 盐渍土分区剖分结果

2. 盐渍土分区分类投影

通过模糊聚类法对青海各盐渍土分区的盐渍土进行分类，并结合上述盐渍土综合分类结果，选取合适阈值 λ，对青海各盐渍土分区中的盐渍土进行分类，其中西宁盆地 $0.584\ 5 < \lambda < 0.475\ 6$，茶卡盐湖 $0.632\ 6 < \lambda < 0.568\ 6$，柴达木盆地 $0.453\ 2 < \lambda < 0.513\ 2$。将各个剖分网格中的各点按照分类结果进行区分，并按不同类型盐渍土标记为不同颜色，重复此工作，将所有网格内的分类结果及探井具体坐标依次投影到青海地区地形图上，各区域连接成片最终得到青海盐渍土分区图（图5-26）。

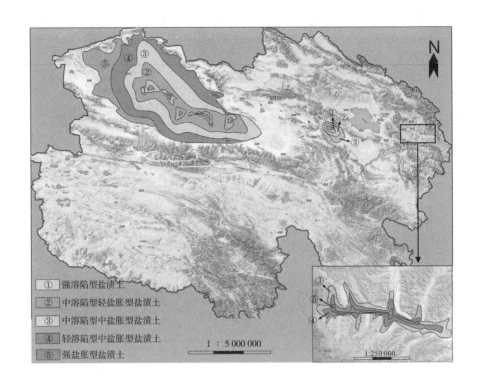

图5-26 青海盐渍土综合工程分类分区

从图 5-26 中可知，青海盐渍土主要分区为西宁盆地、盐湖周围、柴达木盆地，各区盐渍土类型不同：①西宁盆地盐渍土主要表现为盐胀特性，其类型分为强盐胀型、轻溶陷中盐胀型、中溶陷中盐胀型三类，三类盐渍土沿盆地地形相互包含，其中越靠近盆地边界的盐渍土的盐胀特性越弱；②茶卡盐湖地区盐渍土多表现为溶陷特性，主要类型为强溶陷型、中溶陷轻盐胀型、中溶陷中盐胀型三类，三类盐渍土区域以盐湖为中心呈同心圆状分布，且越远离湖中心位置，盐渍土溶陷性越弱，盐胀性越强；③柴达木盆地盐渍土分布广泛，盐渍土类型多，主要为强溶陷、中溶陷轻盐胀、中溶陷中盐胀、轻溶陷中盐胀、轻溶陷强盐胀五类，各类盐渍土分区主要特征为越靠近盐湖，周围的盐渍土多表现为溶陷，而当区域越来越接近盆地边缘时，盐渍土的盐胀特性表现得更加强烈。

第6章 青海盐渍土地区半埋混凝土对土建工程的影响

6.1 青海盐渍地区半埋混凝土腐蚀情况

6.1.1 混凝土概述

1. 混凝土的概念与发展

混凝土简称"砼（tong）"，指的是由胶凝材料将集料胶结成整体的工程复合材料。通常讲的混凝土一词是指将水泥作为胶凝材料，将砂、石作为集料，与水（可含外加剂和掺合料）按一定比例配合，经搅拌而得的水泥混凝土，也称普通混凝土，广泛应用于土木工程。1900 年，万国博览会上展示了钢筋混凝土在很多方面的应用，引发了建材领域的一场革命。法国工程师艾纳比克 1867 年在巴黎博览会上看到莫尼尔用铁丝网和混凝土制作的花盆、浴盆和水箱后，受到启发，于是设法把这种材料应用于房屋建筑上。1879 年，他开始制造钢筋混凝土楼板，以后发展为整套建筑使用由钢筋箍和纵向杆加固的混凝土结构梁。仅几年后，他在巴黎建造公寓大楼时采用了经过改善的迄今仍普遍使用的钢筋混凝土主柱、横梁和楼板。1884 年，德国建筑公司购买了莫尼尔的专利，进行了第一批钢筋混凝土的科学实验，研究了钢筋混凝土的强度、耐火能力，以及钢筋与混凝土的黏结力。1887 年，德国工程师科伦发表了钢筋混凝土的计算方法；美国人海厄特对混凝土横梁进行了实验。1895—1900 年，法国出现了第一批用钢筋混凝土建成的桥梁和人行道。1918 年，艾布拉姆发表了著名的计算混凝土强度的水灰比理论。自此，钢筋混凝土开始成为改变这个世界的重要材料。20 世纪初，有人发表了水灰比等学说，初步奠定了混凝土强度的理论基础。自此以后，相继出现了轻集料混凝土、加气混凝土及其他混凝土，各种混凝土外加剂也开始使用。20 世纪 60 年代，高效减水剂和相应的流态混凝土出现；高分子材料进入混凝土材料领域，出现了聚合物混凝土；多种纤维被用于分散配筋的纤维混凝土。

2. 混凝土的主要性能

（1）和易性

和易性是混凝土拌合物最重要的性能。它综合表示拌合物的稠度、流动性、可塑性、抗分层离析泌水的性能及易抹面性等。测定和表示拌合物和易性的方法和指标很多，中国主要以截锥坍落筒测定的坍落度（mm）及用维勃仪测定的维勃时间（s）作为稠度的主要指标。和易性是一项综合技术，包括流动性、黏聚性和保水性三方面含义。流动性是指新拌混凝土在自重或机械振捣作用下，能产生流动，并均匀密实地填充模板各个角落的性能；黏聚性是指混凝土拌合物在施工过程中的组成材料之间有一定的黏聚力，不致发生分层和离析的现象，能保持整体均匀的性质。保水性是指新拌混凝土在施工过程中保持水分不易析出的能力。影响和易性的主要因素分为五项，即水泥浆的数量和水灰比、砂率、组成材料的性质、时间、温度。

（2）强度

强度是混凝土硬化后最重要的力学性能，是指混凝土抵抗压、拉、弯、剪等应力的能力。水灰比、水泥品种和用量、集料的品种和用量以及搅拌、成型、养护，都直接影响混凝土的强度。混凝土按标准抗压强度（以边长为 150 mm 的立方体为标准试件，在标准养护条件下养护 28 d，按照标准试验方法测得的具有 95% 保证率的立方体抗压强度）划分的强度等级，称为标号，分为 C_{10}、C_{15}、C_{20}、C_{25}、C_{30}、C_{35}、C_{40}、C_{45}、C_{50}、C_{55}、C_{60}、C_{65}、C_{70}、C_{75}、C_{80}、C_{85}、C_{90}、C_{95}、C_{100} 共 19 个等级。强度等级中的"C"表示混凝土强度，"C"后的数值为抗压强度标准值。混凝土的抗拉强度仅为其抗压强度的 1/20 ~ 1/10。提高混凝土抗拉、抗压强度的比值是混凝土改性的重要方面。一般而言，影响抗压强度的主要因素主要分为四个方面，即水泥强度等级和水灰比、骨料的影响、龄期与强度的关系、养护温度和湿度的影响。

（3）变形性

混凝土在荷载或温湿度作用下会产生变形，主要包括弹性变形、塑性变形、收缩和温度变形等。混凝土在短期荷载作用下的弹性变形主要用弹性模量表示。在长期荷载作用下，应力不变，应变持续增加的现象为徐变；应变不变，应力持续减少的现象为松弛。由于水泥水化、水泥石的碳化和失水等原因产生的体积变形，称为收缩。混凝土的变形主要分为以下四种类型：第一种是化学收缩。化学收缩指的是混凝土硬化过程中水化引起的体积收缩。收缩量随混凝土硬化龄期的延长而增加，但收缩率很小，一般在 40 d 后渐趋稳定。第二种是温度变形。温度变形，顾名思义，指的就是由温度变化而引起的混凝土变形，这对于大体积的混凝土而言是极为不利的。第三种是干缩湿胀。干缩湿胀分为干缩和湿胀两个类别，处于空气中的混凝土在水分散失时会引起体积收缩，称为干缩；在受潮时，体积又会膨胀，称为湿胀。第四种是荷载作用。短期荷载作用下的变形——弹塑性变形和弹性模量：混凝土是一种非匀质材料，属弹塑性体。弹性模量反映了混凝土应力—应变曲线的变化。

（4）耐久性

在一般情况下，混凝土具有良好的耐久性。但在寒冷地区，特别是在水位变化的工程部位以及在饱水状态下受到频繁的冻融交替作用时，混凝土易损坏。所以，混凝土有一定的抗冻性要求。用于不透水的工程时，混凝土具有良好的抗渗性和耐蚀性。

3. 混凝土的分类

混凝土的分类形式多种多样，具体而言，可以按照以下标准进行具体划分。

（1）按胶凝材料分类

胶凝材料又称胶结料。在物理、化学作用下，能从浆体变成坚固的石状体，并能胶结其他物料，制成有一定机械强度的复合固体的物质。胶凝材料的发展有着悠久的历史，最早人们使用胶凝材料——黏土来抹砌简易的建筑物。之后出现的水泥等建筑材料都与胶凝材料有着很大的关系。而且胶凝材料具有一些优异的性能，在日常生活中的应用较为广泛。按照胶凝材料的划分，可以将混凝土划分为无机胶凝材料混凝土和有机胶凝材料混凝土两种。比如，水泥混凝土、石膏混凝土、硅酸盐混凝土、水玻璃混凝土等均属于无机胶结混凝土；沥青混凝土、聚合物混凝土等则是有机胶凝材料混凝土。

（2）按表观密度分类

表观密度是指材料的质量与表观体积之比。表观体积是实体积加闭口孔隙体积加开口孔隙体积。一般直接测量体积时，对于形状非规则的材料，可用蜡封法封闭孔隙，然后再用排液法测量体积。根据表观密度的分类，可以将混凝土划分为重混凝土、普通混凝土、轻质混凝土三种类型[①]。重混凝土的表观密度大于 2 500 kg/m³，是用特别密实和特别重的集料制成的，如重晶石混凝土、钢屑混凝土等，它们具有不透 X 射线和 γ 射线的性能。普通混凝土即我们在建筑中常用的混凝土，表观密度为 1 950 ～ 2 500 kg/m³，集料为砂、石。轻质混凝土是表观密

① 戴安立. 简析混凝土组成、分类与发展 [J]. 建材与装饰,2019(33):55-56.

度小于 1 950 kg/m³ 的混凝土。它可以分为以下三类：第一类是轻集料混凝土，其表观密度为 800 ～ 1 950 kg/m³，主要包括浮石、火山渣、陶粒、膨胀珍珠岩、膨胀矿渣、矿渣等。第二类是多空混凝土，如泡沫混凝土、加气混凝土，其表观密度为 300 ～ 1 000 kg/m³。泡沫混凝土是由水泥浆或水泥砂浆与稳定的泡沫制成的；加气混凝土则是由水泥、水与发气剂制成的。第三类是大孔混凝土，如普通大孔混凝土、轻骨料大孔混凝土，其组成中无细集料。普通大孔混凝土的表观密度范围为 1 500 ～ 1 900 kg/m³，是以碎石、软石、重矿渣作为集料配制的。轻骨料大孔混凝土的表观密度为 500 ～ 1 500 kg/m³，是以陶粒、浮石、碎砖、矿渣等作为集料配制的。

（3）按使用功能分类

按照混凝土的使用功能，可以将混凝土分为结构混凝土、保温混凝土、装饰混凝土、防水混凝土、耐火混凝土、水工混凝土、海工混凝土、道路混凝土、防辐射混凝土等多种类型。保温混凝土又称加气混凝土、泡沫混凝土、发泡混凝土，属于保温隔热材料的范畴，是覆盖在热力设备和管道的表面，能阻止或减少与外界发生热交换，降低热量耗散的，具有一定物理、力学性能的特种混凝土。装饰混凝土（混凝土压花）是一种流行于美国、加拿大、澳大利亚、欧洲并在世界主要发达国家迅速推广的绿色环保地面材料。它能在原本普通的新旧混凝土表层，通过色彩、色调、质感、款式、纹理、机理和不规则线条的创意设计，使图案与颜色进行有机组合，创造出各种天然大理石、花岗岩、砖、瓦、木地板等天然石材铺设效果，具有图形美观自然、色彩真实持久、质地坚固耐用等特点。防水混凝土是一种具有高的抗渗性能，并能达到防水要求的一种混凝土。防水混凝土抗渗标号是根据其最大作用水头与建筑物最小壁厚的比值来确定的。防水混凝土的施工要求浇筑均匀、避免离析、振捣充分、加强潮湿养护，并且严格控制水灰比。防水混凝土主要用于经常受压力水作用的工程和构筑物。耐火混凝土指的是由适当的胶凝材料、耐火骨料、掺合料和水按一定比例配制而成的特种混凝土。由耐火集料、粉料和胶结料加水或其他液体配制不经煅烧而直接使用的不定形耐火材料，也可称耐火灌筑材料。它可分为以下几种：①普通耐火混凝土。所用集料有高铝质、黏土质、硅质、碱性材料（镁砂、铬铁矿、白云石等）或特种材料（碳素、碳化硅、锆英石等），也可以采用几种耐火集料组合。②隔热耐火混凝土。主要用耐火轻集料配制。所用轻集料有膨胀珍珠岩、蛭石、陶粒、多孔黏土熟料、空心氧化铝球等，也可用几种耐火轻集料组合，或与耐火集料共同组合。耐火混凝土所用胶结料有高铝水泥、磷酸盐胶结料、水玻璃胶结料、黏土等。耐火混凝土为不烧制品，生产工艺简单，节省能源，可按照需要造型，整体性比砖砌炉衬好，适宜机械化施工，合理利用时往往能延长炉衬寿命。耐火混凝土主要用于冶金、石油、化工、建筑材料、机械等工业窑炉中。一般使用温度为 1 300 ~ 1 600 ℃。使用温度低于 900 ℃ 的耐火混凝土称为耐热混凝土，主要用于热工设备的基础、烟囱、烟道等构筑物中。20 世纪 50 年代以来，以耐火混凝土为主的不定形耐火材料发展迅速，在工业发达国家中已占耐火材料总产量的 30% ~ 50%。20 世纪 50 年代以来，中国耐火混凝土已在各种工业窑炉中广泛应用。③水工混凝土。指的是经常性或周期性地受水作用的建筑物（或建筑物的一部分）所用的并能保证建筑物在上述条件下长期正常使用的混凝土。根据构筑物的大小，可分为大体积混凝土（如大坝混凝土）和一般混凝土。大体积混凝土又分为内部混凝土和外部混凝土。水工混凝土常用于水上、水下和水位变动区等部位。因其用途不同，技术要求也不同：常与环境水相接触时，一般要求具有较好的抗渗性；在寒冷地区，特别是在水位变动区应用时，要求具有较高的抗冻性；与侵蚀性的水相接触时，要求具有良好的耐蚀性；在大体积构筑物中应用时，为防止温度裂缝的出现，要求具有抵热性和低收缩性；在受高速水流冲刷的部位使用时，要求具有抗冲刷、耐磨及抗气蚀性等。水工混凝土是水利工程中，尤其是大型水利工程中最主要的建筑材料。中国近 30 年来建成的大、中型混凝土闸、坝达数百座，其中有的混凝土用量多达 $1.0 \times 10^7 m^3$ 以上，如长江的葛洲坝工程和台湾地区的德基大坝（坝高达 180 m）。除此以外，河港、农田水利及地下防水工程中也都大量应用。长期的施工实践证明，在水工混凝土中掺入具有减水、缓凝及增加耐久性的外加剂，如木质素磺酸盐减水剂、糖蜜塑化剂、松香皂引气剂（在有抗冻性要求的地区或部位必须掺入），以及掺入适量的优质掺合料，如粉煤灰等，对改善混凝土拌合物的和易性及提高耐久性都具有明显效果。④海工混凝土。指的是在海洋工程中使用的混凝土。国家对海工混凝土没有定义。一般认为，海工混凝土具有高工作性、高耐久性，其实在新的桥规中有专门的一章来介绍海洋环境桥梁，但是海工混凝土还是应该属于高性能混凝土。经常受到浪花溅击的结构所用的混凝土，都属海工混凝土。⑤高性能海工混凝土。即针对混凝土结构在海洋环境中的使用特点，通过合理的配置技术，形成耐久性能、施工性能、物理力学性能以及相关性能俱佳的混凝土材料。高性能海工混凝土的突出特点表现在其高耐久和耐腐蚀性能，尤其是混凝土抵抗氯离子侵蚀的性能方面。高性能海工混凝土与普通混凝土在原材料、配合比以及生产和施工工艺等方面有所差别。具体表现在以下几个方面：第一，高性能海工混凝土胶凝材料的原材料除水泥外，还要掺用至少一种矿物细掺料，并保证一定的胶凝材料用量，从而使混凝土微结构得以优化，孔隙结构得以改善。第二，高性能海工混凝土可通过高性能混凝土减水剂的合理使用，降低混凝土单方用水量，有利于形成混凝土致密结构。第三，高性能海工混凝土在保证其良好的施工性能和物理力学性能的同时，还具有强大的其耐久性能，能够抵抗海洋环境中的氯离子侵蚀。防辐射混凝土又称屏蔽混凝土、防射线混凝土。其容重较大，对 γ 射线、X 射线或中子辐射具有屏蔽能力，不易被放射线穿透。胶凝材料一般采用水化热较低的硅酸盐水泥，或高铝水泥、钡水泥、镁氧水泥等特种水泥。以重晶石、磁铁矿、褐铁矿、废铁块等作为骨料。加入含有硼、镉、锂等的物质，可以减弱中子流的穿透强度。常用作铅、钢等昂贵防射线材料的代用品。

6.1.2　青海盐渍土地区半埋混凝土腐蚀情况

笔者对青海察尔汗盐渍土地区的实际调查发现，当地经常使用的建筑材料有混凝土、石料、砖、木材等，其中混凝土材料的腐蚀破坏最为严重，而且破坏最严重的位置位于混凝土地表以上的吸附区内，其他部位相对完好。

对于盐渍土地区半埋钢筋混凝土结构，经过一定时间的腐蚀，在地表吸附区内，混凝土大片剥落，钢筋裸露在空气中，发生严重的锈蚀，此时混凝土结构的破坏主要是由根部吸附区钢筋锈蚀引起的，如图 6-1 ～ 6-4 所示。

图6-1　某钢筋混凝土结构破坏情况

图 6-2　光缆标石的腐蚀破坏

图 6-3　青海茶卡盐湖钢筋混凝土结构破坏情况

图 6-4　青海某钢筋混凝土结构破坏情况

对于没有钢筋的混凝土结构，其腐蚀的主要特征也是地表吸附区的混凝土剥落，但其他部分相对完好。此时混凝土结构的破坏主要是由根部吸附区硫酸盐侵蚀引起的，如图 6-5～6-7 所示。

图 6-5　普通混凝土结构的腐蚀破坏

图 6-6　青海盐湖钾肥一期厂区混凝土基础破坏

(a)

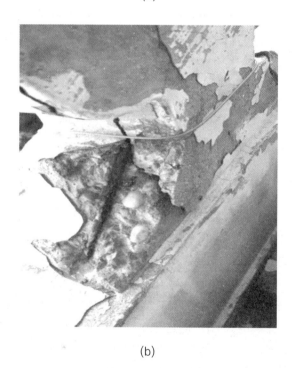

(b)

图6-7　青藏铁路混凝土破坏情况

6.2　青海盐渍土地区半埋混凝土防腐蚀措施

青海盐渍土地区半埋混凝土构筑物的腐蚀是由土壤中易溶盐的侵蚀作用引起的，因此只要切断盐分与半埋混凝土接触的途径，就能有效阻止或延缓半埋混凝土构筑物的腐蚀过程。通过调查发现，青海盐渍土地区半埋混凝土构筑物的防腐措施可以总结为三字方针——"隔，阻，缓"，具体归纳为以下几个方面：

第一，隔。隔断盐分与半埋混凝土以及钢筋的直接接触途径。

第二，阻。尽量阻止盐分向半埋混凝土内渗透。

第三，缓。减缓半埋混凝土和钢筋的腐蚀速率，保证半埋混凝土在设计年限内的正常使用。

具体来说，青海盐渍土地区常见的半埋混凝土构筑物防腐措施包括以下几种：采用高性能半埋混凝土、喷涂防腐涂料、增设防腐构造物和增加吸附区半埋混凝土结构尺寸、明挖和浅埋暗挖施工的地下结构。

6.2.1　高性能半埋混凝土

高性能半埋混凝土（HPC）的概念于 20 世纪 90 年代提出，此后迅速成为国际学术界的研究热点。高性能半埋混凝土的主要特征为高工作性、高强度性和高耐久性。目前，国内外对高性能半埋混凝土的研究和应用的研究背景或工程条件多以海洋环境为主，对青海盐渍土地区可用的高性能半埋混凝土研究较少。由于青海盐渍土地区处于内陆高原，具有寒冷多风、降水量少、蒸发量大等与海洋地区完全不同的气候特征，因此青海盐渍土地区对高性能半埋混凝土的要求比海洋地区更苛刻：更高的抗收缩变形与开裂能力、更好的抗腐蚀性、更低的氯离子扩散系数和更高的氯离子结合能力。青海盐渍土地区新建工程使用高性能半埋混凝土是一种必然选择，东南大学余红发对盐湖地区高性能半埋混凝土进行了大量研究，得到结论"在盐湖地区 HPC 的配合比设计时，综合运用活性掺合料的三掺技术、高效减水剂技术以及高弹性模量纤维与 AEA 膨胀剂的复合技术，可以最大限度地减小半埋混凝土的干燥收缩值，改善收缩的湿度敏感性，完全能够把 HPC 在盐湖地区极其恶劣环境中的干燥收缩值降低到 300×10 左右，并保证半埋混凝土不产生收缩裂缝，实现 HPC 的高体积稳定性与高耐久性的完美统一"。

6.2.2　防腐涂料

防腐涂料是目前青海盐渍土地区半埋混凝土防腐最常用的手段之一，防腐涂料通过隔断盐分的入侵来保护半埋混凝土不被腐蚀，要求耐久性和耐化学性能好，耐碱性强，与半埋混凝土表面附着性能好，干燥快。防腐涂料固化后成为致密、坚韧的橡胶状涂层，能够增强半埋混凝土表面的强度和密实度，有效抵御氯离子、硫酸根离子的侵蚀，可以为青海盐渍土地区半埋混凝土结构提供长期保护。

6.2.3　袋装半埋混凝土灌注桩

袋装半埋混凝土灌注桩（BCPS）是由防腐袋、钢筋半埋混凝土桩共同形成的复合体，利用土工合成材料抗腐蚀性较好的优点，将桩基础使用的高性能半埋混凝土与青海盐渍土环境完全隔离，能够为超强青海盐渍土地区大型构造物提供安全、耐久、高承载力的桩基。袋装半埋混凝土灌注桩相对于普通的钻孔灌注桩的施工工艺，主要在成孔后增加了安放防腐袋与袋内注浆、袋外排浆两道工序。察格高速上采用的袋装半埋混凝土灌注桩属于该技术在交通建设领域的首次采用，且其相关施工工艺技术属于在工程领域首次采用，在一定程度上解决了青海盐渍土地区桥涵基础半埋混凝土耐久性的问题。

6.2.4　半埋混凝土保护层厚度

半埋混凝土保护层是保护钢筋免受外界氯离子侵蚀的一道坚实的屏障，混凝土保护层厚度越大，则外界氯离子通过渗透、毛细管吸附等方式到达钢筋表面所需的时间就越长，半埋混凝土结构的寿命就越长。过薄的半埋混凝土保护层易受到局部损坏，也无法保证钢筋与半埋混凝土之间能够有效地传递黏结应力，但保护层厚度不是越厚越好，过厚的保护层在硬化过程中的收缩应力和温度应力不受钢筋的控制，很容易产生裂缝，反而会使半埋混凝土保护层过早失效。对格尔木当地桥梁的原始设计资料调查表明，青海盐渍土地区新建桥梁的桩基半埋混凝土净保护层厚度一般为 10 cm，盖梁、墩柱等结构的半埋混凝土净保护层厚度为 4.5～6.5 cm 不等。

6.2.5　半埋混凝土吸附区结构尺寸

由于半埋混凝土吸附区是整个结构破坏最严重的部位，所以适当增加半埋混凝土吸附区结构尺寸，既能增加基础的受力稳定性，又能在很大程度上减少吸附区腐蚀对整个结构的影响，有效延长半埋混凝土结构的使用寿命。据了解，青海盐渍土含盐量是随着土层深度的不断增加而逐渐降低，但具体的变化情况跟当地的地质构造有关，青海地区含盐量较高的青海盐渍土上方往往覆盖着一层盐晶，盐晶层含盐量可达 90% 以上。另外，青海盐渍土地区无论普通半埋混凝土还是钢筋半埋混凝土，半埋状态下的腐蚀破坏特征都是半埋混凝土地表吸附区破坏严重，而其他部分相对完好；青海盐渍土地区半埋混凝土常见的防腐措施有高性能半埋混凝土、在结构物表面刷涂防腐涂料、大型结构物采用袋装半埋混凝土灌注桩基础、在设计施工时适当增加半埋混凝土保护层厚度、增大半埋混凝土基础吸附区的尺寸等。

6.2.6 明挖和浅埋暗挖施工的地下结构

明挖和浅埋暗挖施工的地下结构主要从以下几个方面展开。

1. 提高半埋混凝土的抗裂抗渗性能，减少地下水对半埋混凝土的侵入

首先，控制水泥用量，在保证半埋混凝土的强度和密实性的条件下，减少水泥用量的措施如下：第一，选择合理的砂率和细度模数：砂率大，水泥用量多；细度模数小，水泥用量多。比如采用中砂比采用细砂每立方米半埋混凝土可减少用砂量 20 ～ 25 kg，水泥用量相应可以减少 29 ～ 35 kg。砂率一般控制在 35%，细度模数 2.8 ～ 3.0，平均粒径 ≥ 0.38 mm 的中粗砂。第二，积极采用粉煤灰：粉煤灰铝硅玻璃体含量大于 70%，因之有较高的活性，$Ca(OH)_2$ 和 $CaSO_4 \cdot 2H_2O$ 中掺加水泥用量 10% ～ 30% 的粉煤灰，每立方米半埋混凝土中可以减少水泥用量 50 ～ 70 kg，显著地推迟和减少发热量，延缓水泥水化热释放时间，降低温度升值约 20% ～ 25%（按单位水泥用量每增减 10 kg，温度升降约 1 ℃），从而减少温度裂缝的趋向，改善半埋混凝土的和易性。

2. 严格控制水灰比

半埋混凝土中的水由两部分组成，第一部分为水泥水化所需的水，另一部分为改善施工和易性所需的水。改善半埋混凝土的和易性可以通过一些技术措施来减少水的用量。具体措施如下：第一，掺入定量的高效减水剂和膨胀剂，可以减少用水量 15% ～ 25%，改变半埋混凝土内部的应力状态，在半埋混凝土内部引入 0.2 ～ 0.7 MPa 的预应力，这种预压应力能够抵消或部分抵消导致半埋混凝土开裂的拉应力，从而避免或大大减少半埋混凝土的开裂。加入膨胀剂还可以提高半埋混凝土耐海水侵蚀的能力。第二，掺入定量的粉煤灰，增加和易性，可以减少半埋混凝土凝结、收缩、泌水、干缩等现象。试验证明：水泥用量不变，水用量每

增加 10%，半埋混凝土的强度降低 20%，半埋混凝土与钢筋的黏着力降低 10%，干缩增加 20%。

3.控制坍落度

坍落度大，骨料沉降剧烈，即较重的粗骨料下沉速度快。粗骨料沉降趋于稳定后，其间的水泥砂浆不再继续沉降，一部分游离水绕过骨料上升到半埋混凝土拌和物的表面，形成外部泌水，在硬化过程中，这些多余的游离水逐渐蒸发，其泌水通路在半埋混凝土内形成毛细孔道，粗骨料下面形成沉降缝隙，使抗渗下降。具体措施如下：第一，加强半埋混凝土的养生，是保证半埋混凝土不开裂的重要措施和关键环节。第二，加强施工管理，严格控制半埋混凝土的配合比，遵守施工操作规程，是保证半埋混凝土防水防腐的重要举措。第三，钢筋净保护层的厚度迎水面不小于 50 mm。第四，增设附加防水层。附加防水层应有抗腐蚀性、耐久性、防水性等性能，附加防水层能防止地下水直接侵蚀主体结构半埋混凝土。第五，中等以上腐蚀地段半埋混凝土内掺入防腐蚀添加剂或采用抗硫酸盐水泥。在半埋混凝土中增添水泥用量 2% 的防腐蚀添加剂，可以使水泥的抗硫酸根极限浓度提高 15 000 mg/L。掺入防腐蚀添加剂以后，其基本作用机理是解决钙矾石膨胀和石膏膨胀两方面的问题——当环境水中含有盐类时，通过物理化学作用产生结晶，对半埋混凝土有很大的膨胀破坏作用，其中硫酸盐化学侵蚀以及因水分蒸发导致盐类析晶的物理侵蚀最为突出。同时半埋混凝土中掺入防腐蚀添加剂以后，还有提高半埋混凝土的密实性、减少 Cl⁻ 在半埋混凝土中渗透系数、增加钢筋阻锈能力的作用。

6.3　青海盐渍土地区半埋混凝土工程的寿命预测

混凝土的寿命预测是当今国际上研究的热点，也是至今尚未完全解决的重大问题。按照使用寿命设计是今后结构工程设计的重要发展方向，国际上许多工程都已经实现了以使用寿命为主要目标的耐久性设计。

混凝土的耐久性问题十分复杂，国内外的混凝土使用寿命预测方法大多是建立在海洋环境下以钢筋锈蚀为基础的，而在盐渍土地区相关研究较少，远不能满足各种条件下的工程需要。

通过青海盐渍土地区的实地调查发现，盐渍土地区的盐沼与盐渍土交错分布，半埋混凝土的破坏主要集中在吸附区，因此吸附区混凝土的耐久性直接决定着整个混凝土结构的使用寿命。由第四章分析可知，外界环境中的腐蚀性盐离子在水分的作用下传输至混凝土表面，并从混凝土土壤区传输至混凝土的地表吸附区，向内部扩散引发钢筋锈蚀或强度损失。与盐湖相比，由于干盐渍土中水分较少，受土壤密实度和土壤含水量的影响，盐溶液向混凝土土壤区的传输聚集过程较慢，相应的混凝土使用寿命也就较长。本节研究考虑腐蚀性盐离子从土壤中传输至混凝土破坏部位的全过程来预测混凝土使用寿命。

6.3.1　混凝土使用寿命预测的基本方法

一般来说，在国内外已有的研究工作中，有以下几种混凝土寿命的预测方法：经验预测法、同类材料性能比较预测法、加速试验法、数学模型法和随机过程法。

1. 经验预测法

经验预测法是通过试验或由经验丰富的专家来判断混凝土的剩余寿命，是一种半定量的预测方法。只要严格按照设计方案施工，混凝土就会具有所需要的寿命，这一方法的缺点是主观性大，对于不确定的环境或新型混凝土材料容易产生失误。

2. 同类材料性能比较预测法

这种方法的前提条件是假设某种混凝土材料具有一定时间的耐久性，那么处于相同环境下的相同材料也具有相同的寿命。这种方法的缺点是即使是相同的混凝土，由于几何尺寸和施工养护条件的不同，其使用寿命也会发生相应的改变，因此这种方法也存在一定的局限性。

3. 加速试验法

在设计、操作以及数据处理正确的情况下，加速试验可以为混凝土寿命预测提供很好的基础，一般来说，加速试验和实际条件下的腐蚀破坏之间的关系为非线性关系，可以用数学模型模拟，使用此方法的主要问题是需要混凝土在工程中的长期数据，加速系数不易确定。

4. 数学模型法

数学模型法是目前使用寿命预测中使用较多的方法，其寿命预测的可靠程度与环境参数的选取以及模型的合理性密切相关。

5.随机过程法

影响混凝土寿命的因素很多，而各个影响因素通常又是不定值，可以被认为是随机变量。对于整个混凝土结构的使用寿命来说，无论采用何种寿命准则，这些影响因素都可以看作是随时间变化的随机过程，因而采用概率方法来进行混凝土结构的评估是非常合理的。

6.3.2 基于氯离子传输的盐渍土地区半埋混凝土寿命预测

对于盐渍土地区的半埋混凝土结构，需要结合混凝土中氯离子传输机理来研究混凝土的寿命。

1.半埋钢筋混凝土的使用寿命

钢筋混凝土的耐久性在很大程度上取决于流体在混凝土中的传输过程，研究混凝土的耐久性必须结合其所处环境中腐蚀性盐溶液的传输机理进行，这样耐久性的研究才有意义。在氯盐渍土中，氯离子的传输可以简化为氯离子首先在水分的作用下从盐渍土中进入混凝土，再在毛细管作用下沿混凝土浅层区域向上传输，传输至吸附区之后向深层区域扩散，当聚集在钢筋表面氯离子的浓度超过临界值时，钢筋就开始锈蚀。因此，对氯盐渍土地区的混凝土，一般认为混凝土的使用寿命指从开始暴露于氯盐渍土环境中，氯离子逐步向混凝土内部聚集，直到钢筋表面聚集的氯离子浓度到达钢筋锈蚀的临界氯离子浓度所需要的时间。

2.半埋钢筋混凝土的氯离子传输各过程所需时间

（1）氯离子在盐渍土中的传输聚集

实地调查表明，由于盐分的长期积累，盐渍土表层最高含盐量可达 90%，因此可以认为盐渍土中的盐分含量完全足够混凝土的腐蚀，故不考虑氯离子在盐渍土中的传输聚集过程消耗时间。

（2）氯离子从盐渍土中进入混凝土

由第四章的分析知，氯离子通过浸润现象从盐渍土中进入混凝土，这一过程可以认为是瞬时现象，但氯离子从盐渍土中进入混凝土必须要有水分的参与，如果盐渍土中不含水分，则腐蚀性离子无法进入混凝土，混凝土也不会发生腐蚀。由于青海盐渍土地区年蒸发量远大于降水量，大部分时间盐渍土都处于无水干旱状态，且每次降雨量都很小，因此可以近似认为对于地下水位较低且无地表径流的长期干旱盐渍土地区，盐离子只有在降雨天气才能够进入混凝土造成腐蚀，非降雨天气混凝土的腐蚀过程停止，但是这种极端情况发生较少。

（3）半埋混凝土浅层区域离子传输

半埋混凝土浅层区域离子传输过程指进入混凝土中的氯离子沿混凝土浅层区域上升至吸附区高度，这一过程可以用式（6.1）来描述。

$$\frac{\partial C}{\partial t} = D \frac{\partial^2 C}{\partial x^2} - \omega \frac{\partial C}{\partial x} \tag{6.1}$$

式中：t 为时间（s）；D 为扩散系数（m²/s）；ω 为渗流速度（m/s）；x 为流动方向的坐标（m）；C 为距混凝土表面析出的氯离子浓度（%）。

其边界条件及初始条件为：

$$C_0^x = C_0 \quad (0 \leqslant x \leqslant \Delta x);$$
$$C_t^0 = C_s(t)。$$

为简化起见，认为这一过程所需时间为毛细管作用从发生到混凝土浅层区域含水量达到稳定状态为止。氯盐溶液在混凝土浅层区域的上升问题可以简化为一维问题，利用数值差分的方法来求解方程。

在空间和时间两个方向上，将问题离散化为差分方程，然后从初始条件出发，按时间逐层推进。由于隐式差分格式绝对收敛且精确程度高，因此采用隐式差分的格式，在每一个结点处建立差分方程。

$$\frac{C_i^{k+1} - C_i^k}{\Delta t} = \frac{D_{i+\frac{1}{2}}^{k+1}\left(C_{i+1}^{k+1} - C_i^{k+1}\right) - D_{i-\frac{1}{2}}^{k+1}\left(C_i^{k+1} - C_{i-1}^{k+1}\right)}{\Delta z^2} -$$

$$\frac{\left(\omega_{i+1}^{k+1} + \omega_i^{k+1}\right) - \left(\omega_i^{k+1} + \omega_{i-1}^{k+1}\right)}{2\Delta z} \tag{6.2}$$

整理可得：

$$a_i C_{i-1}^{k+1} + b_i C_i^{k+1} + c_i C_{i+1}^{k+1} = h_i, i = 2,3,4\ldots n-2 \tag{6.3}$$

令 $r_1 = \frac{\Delta t}{\Delta z^2}$, $r_2 = \frac{\Delta t}{2\Delta z}$,

则 $a_i = -r_1 D_{i-\frac{1}{2}}^{k+1}$, $b_i = 1 + r_1\left(D_{i-\frac{1}{2}}^{k+1} + D_{i+\frac{1}{2}}^{k+1}\right)$, $c_i = -r_1 D_{i+\frac{1}{2}}^{k+1}$, $h_i = C_i^k - r_3$

$$\left(K_{i+1}^{k+1} - K_{i-1}^{k+1}\right)$$

由初始条件可以得到：

$$b_1 C_1^{k+1} + c_1 C_2^{k+1} = h_1 \tag{6.4}$$

$$a_{n-1}C_{n-2}^{k+1} + b_{n-1}C_{n-1}^{k+1} = h_{n-1} \tag{6.5}$$

以上各式形成三对角代数方程组，本节采用长安大学毛雪松教授编写的一维水分迁移计算机程序求解该模型。

①计算模型中各个参数的确定

选取距离步距 $\Delta z=1$ cm，即水分迁移方向上 1 cm 之内水分含量是相同的，分段数取 30 段。由于混凝土的腐蚀时间一般较长，因此时间步距选用 10 080 min（一周），初始含水量采用盐渍土地区最大含水量 28%。

氯离子渗透速度采用中南大学向发海提出的经验模型进行计算，如式 (6.6) 所示。

$$\omega(x,t) = 1.514 \times 10^{-5} e^{0.3067x} t^{-0.815} \tag{6.6}$$

式中：x 为距混凝土表层距离，本书混凝土浅层区域取 $0.75/2 \approx 0.4$cm；t 为龄期。

氯离子扩散系数采用试验中确定的值 $D=2.54 \times 10^{-6}$ cm²/min。

②计算结果分析

通过对混凝土浅层区域毛细水运动情况进行模拟，当浅层区域内部含水率在 $\pm 0.1\%$ 内变化时，即认为含水率达到稳定状态。通过模型试算，得出在腐蚀时间为 15 周时，混凝土浅层区域含水率达到稳定，终态含水率分布如图 6-8 所示。

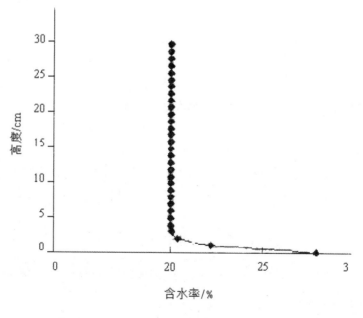

图 6-8　15 周混凝土浅层区域稳态含水率分布

通过模型计算结果可以认为，盐离子在混凝土浅层区域传输需要时间为 15

周，约合 0.3 年。

（4）半埋混凝土吸附区深层区域离子传输

在研究半埋混凝土吸附区深层区域氯离子传输问题时，通常假定氯离子在混凝土中的传输是基于饱和状态下的扩散机制，采用菲克第二定律来进行计算，但在半埋混凝土中，破坏最严重的混凝土吸附区往往处于非饱和状态，此时如果仍直接采用菲克第二定律将给计算结果带来很大的误差，对于混凝土深层区域的离子传输目前多采用欧洲 Dura Crete 提出的经验方法，即采用如下假定及模型：毛细管吸附作用仅发生在混凝土浅层区域，即混凝土对流区，在混凝土深层区域仍以扩散为主要传输机制；对流区深度为一固定值，不因时间的增加而发生变化；扩散作用与对流作用不具有耦合效应，即扩散区域不发生对流，对流区域不发生扩散。

$$C(x,t) = C_0 + \left(C_s - C_0\right)\left[1 - \text{erf}\left(\frac{x - \Delta x}{2\sqrt{D_a \cdot t}}\right)\right] \qquad (6.7)$$

式中：$C(x,t)$ 为 t 时刻 x 深度处的氯离子含量（%）；C_0 为混凝土中初始氯离子浓度（%）；C_s 为混凝土表面氯离子浓度（%）；t 为暴露时间（s）；x 为深度（m）；D_a 为表观扩散系数；Δx 为对流层深度（m）。

①模型中各个参数的选取

a. 氯离子临界浓度

在进行氯离子环境下混凝土寿命预测的过程中，一个十分关键的问题就是确定使钢筋开始锈蚀的氯离子临界值。本书所研究的钢筋混凝土的使用寿命也是指钢筋发生锈蚀的时间，因此氯离子临界值的选取直接决定了钢筋混凝土的预测寿命。对于单一氯盐腐蚀环境，临界氯离子的浓度和水泥类型、掺合料含量、水胶比、温度、相对湿度、施工质量以及钢筋表面状况有关。目前，有学者提出将氯离子临界浓度按照有一定分布的统计量来处理较为合理，但缺乏足够的现场暴露试验数据，临界氯离子浓度取值可参考表 6-1。

表 6-1　其他寿命预测模型中氯离子临界浓度取值

模型类别	临界氯离子浓度 C_f/%，混凝土
美国 life-365	0.05
欧洲 Dura Crete	0.074
日本土木学会	0.07

模型类别	临界氯离子浓度 C_f/%，混凝土
香港土木工程署	0.06
东南大学金祖权	0.07

综合表 6-1 中其他寿命预测模型的研究结果，本书中寿命预测模型的氯离子临界浓度的合理取值为：

$$C_f = 0.07（在混凝土所占质量比例）\qquad（6.8）$$

b. 初始氯离子浓度

初始氯离子浓度指混凝土各组成材料中所含的氯离子量占混凝土总重量的百分比。初始氯离子的来源包括拌合用水带进的氯盐、化学外加剂带进的氯盐、水泥及矿物质掺合料带进的氯盐等。本书对干湿循环试验进行之前的混凝土试件进行取样，按照第三章中氯离子试验方法进行化学滴定，但是由于试样中氯离子含量太低而无法滴定出试验结果，因此本书试验中初始氯离子浓度 C_0 取 0。

c. 表面氯离子浓度

通常认为混凝土表面氯离子浓度属于一个环境参数，目前对于表面氯离子的确定方法有两种观点：一种是将混凝土近表面（$x=13$ mm 和 $x=6.35$ mm）的自由氯离子实测值作为表面氯离子浓度值；另一种是根据试验测定的混凝土不同深度处氯离子浓度进行拟合。根据扩散理论，C_s 是 $x=0$ 处"表面混凝土"氯离子浓度，是一个不可直接测定的数值，因此本书考虑对流区的存在，通过回归分析拟合对流区以内氯离子浓度与混凝土深度之间的关系，依据式（6.7）计算扩散区和对流区界面处的氯离子浓度作为 C_s 值。

d. 对流区深度

表层对流区深度 Δx 指从混凝土表面层到对流扩散交界临界面处的深度，由于氯离子含量的最大值常在可测的混凝土保护层厚度内，因此可以通过分析氯离子分布曲线来确定对流区深度。Δx 与混凝土的水胶比、凝胶材料、环境条件、相对湿度等因素都有关系。

大量文献指出，在海洋潮汐区干湿交替的环境下，普通混凝土对流区深度在靠近表面很小的距离，一般来说 10 mm 左 T 右；欧洲 Dura Crete 规范认为正常情况下对流区深度取 14 mm；浙江大学金立兵博士通过现场检测试验的细观分层分析结果与氯离子侵蚀曲线拟合分析指出，海洋干湿交替区域普通混凝土的对流区深度的合理值是 10 mm。一般来说，常规氯离子侵蚀曲线检测深度以 5 ～ 15mm 为间距进行，因此很难检测到对流区的准确深度，本书试验根据 0.25 mm 为间隔检测混凝土中氯离子含量，得到氯离子含量随混凝土深度的变化曲线，如图 6-9 所示。

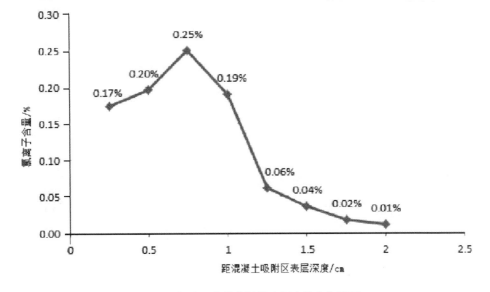

图 6-9　氯离子含量随混凝土厚度的变化关系

从图 6-9 可知，在距表层深度 0.75 cm 处氯离子的含量发生了突变，为了便于计算，本试验对流区深度取 $\Delta x =7$ cm。

e. 表观扩散系数

混凝土是一种具有固相和液相的多孔材料，氯离子在混凝土中并不是在均质溶液中扩散，毛细管的物理特性也会对氯离子的扩散速度产生影响，因此采用表观扩散系数 D_a 来反映各中因素对氯离子扩散的综合影响。

氯离子扩散系数最初被认为是恒定值，直到 20 世纪 90 年代，人们才逐渐认识到氯离子扩散系数不仅与混凝土的水灰比等内部因素有关，还受到温度、时间、养护龄期、掺合料等外部因素的影响。不同的学者也提出了氯离子扩散系数的经验计算方法：

大连理工大学赵尚传制作了不同水灰比的混凝土试件进行氯离子扩散试验，拟合出氯离子扩散系数与水灰比的关系：

$$D =34.776 W/C -6.448 (10^{-8} \, cm^2/s)\tag{6.9}$$

东南大学孙伟等人通过大量的试验数据，分析了不同种类的混凝土氯离子扩散系数与配合比之间的关系如下。

无掺合料的混凝土：

$$D=15.103m_w/m_c-3.983 \tag{6.10}$$

C_{50} 以下的高性能混凝土：

$$D=22.3m_w/m_{(C+B)}-7.024 \tag{6.11}$$

C_{50} 以上的高性能混凝土：

$$D=2.519m_w/m_{(C+B)}-0.68m_{FA}/m_{(C+B)}-0.048\ 16 \tag{6.12}$$

式中：D 为氯离子扩散系数（10^{-8} cm^2/s）；m_w/m_c 为无掺合料的混凝土水灰比；$M_{FA}/m_{(C+B)}$ 为高性能混凝土水胶比。

美国 life-365 预测模型采用的混凝土 28 天龄期的扩散系数（m^2/s）和水胶比的关系为：

$$D_0=10^{-12.06+2.4W/B} \tag{6.13}$$

式中：D_0 为氯离子扩散系数；W/B 为混凝土水胶比。

西安建筑科技大学郝晓丽结合水灰比、掺合料、养护龄期等因素，按式（6.14）计算氯离子扩散系数：

$$D(t)=D_0\left(\frac{t_0}{t}\right)^m \cdot k_c \tag{6.14}$$

式中：D_0 为标准试验得出的氯离子扩散系数，t_0 取 28 d，也可按照式（6.14）计算；t 为开始暴露于氯离子腐蚀性环境的时间；k_c 为养护系数，养护时间满 28 天取 0.79；m 为时间依赖常数，按式（6.15）取值。

$$m=0.2+0.4(\%FA/50+\%SG/70) \tag{6.15}$$

式中：$\%FA$ 为凝胶材料中粉煤灰的质量百分比；$\%SG$ 为凝胶材料中矿渣的质量百分比。

分别应用以上模型来计算本书中混凝土试件的氯离子表观扩散系数结果经验值，见表 6-2：

表6-2　其他经验模型中本次试验的氯离子表观扩散系数经验值（单位：cm·s^{-1}）

模 型	赵尚传模型	孙伟模型	Life-365 模型	郝晓丽模型
对应的氯离子表观扩散系数 D_a	5.724×10^{-8}	1.303×10^{-8}	6.026×10^{-8}	4.761×10^{-8}

根据式（6.7），在排除对流区的影响之后，使用 1st Opt 软件对表中的数据进行回归拟合，拟合方法采用"麦夸特法（Levenberg–Marquardt）+ 通用全局优化算法"，时间采用 35 次循环的浸泡总时间，可以得出氯离子的表观扩散系数

$D_a=4.23 \times 10^{-8}$ cm²/s，即 1.33 cm²/a，表面氯离子浓度 C_s=0.261%，拟合的相关系数 R^2=0.97。

将本书试验拟合出的氯离子表观扩散系数 D_a 与表 6-2 中的经验值进行对比，可以发现本书的试验拟合值与其他模型提出的经验值比较接近，处于同样的数量级，从而证明了本书的取值具有一定的合理性。

②半埋混凝土吸附区混凝土深层区域离子聚集时间

由式（6.7）可以看出，深层区域离子聚集时间与钢筋的保护层厚度有着直接的关系。

将上述得出的各个参数的取值代入到式（6.7）中，使用 1st Opt 软件进行编程计算，得出钢筋保护层厚度与混凝土吸附区深层区域离子聚集时间的关系，见表 6-3。

表6-3　吸附区深层区域离子聚集时间与钢筋保护层厚度之间的关系

保护层厚度 /cm	使用寿命 /a	保护层厚度 /cm	使用寿命 /a
1	0.03	6	8.6
1.5	0.19	6.5	10.3
2	0.52	7	12.2
2.5	1.0	7.5	14.1
3	1.6	8	16.3
3.5	2.4	8.5	18.6
4	3.3	9	21.2
4.5	4.4	9.5	23.7
5	5.7	10	26.4
5.5	7.1	—	—

3. 基于氯离子传输的半埋钢筋混凝土寿命预测

（1）半埋钢筋混凝土寿命预测步骤

①根据工程所在地的气候特征、水文地质条件及结构的具体使用用途，确定实际工程中遭受的耐久性破坏因素。

②设计合理的干湿循环制度，并根据实际环境中半埋混凝土的破坏特点在半埋混凝土吸附区钻孔磨粉，分层测定氯离子浓度。

③根据测定的氯离子浓度分布情况，得出氯离子浓度达到极值时的对流区深度，并回归出表观扩散系数和表面氯离子浓度。

④根据试验测定值，确定混凝土吸附浅层区域离子传输所需时间。

⑤根据实际的钢筋保护层厚度，将表观扩散系数、表面氯离子浓度、钢筋锈蚀临界浓度等各个参数代入式（6.7），计算出混凝土吸附区深层区域离子传输聚集至钢筋锈蚀临界值所需时间。

⑥根据混凝土吸附区浅层区域和深层区域离子传输时间，求出不同钢筋保护层厚度下半埋钢筋混凝土的使用寿命。

（2）盐渍土地区半埋钢筋混凝土的使用寿命

结合半埋混凝土中盐离子的传输过程，将混凝土吸附区浅层区域离子传输时间和深层区域离子传输时间相加求和，得出盐渍土地区半埋钢筋混凝土使用寿命与钢筋保护层厚度之间的关系，见表6-4。

表6-4　盐渍土地区半埋钢筋混凝土使用寿命与钢筋保护层厚度之间的关系

保护层厚度 /cm	使用寿命 /a	保护层厚度 /cm	使用寿命 /a
1	0.03	6	8.9
1.5	0.49	6.5	10.6
2	0.82	7	12.5
2.5	1.3	7.5	14.4
3	1.9	8	16.6
3.5	2.7	8.5	18.9
4	3.6	9	21.5
4.5	4.7	9.5	24.0
5	6.0	10	26.7
5.5	7.4	—	—

表 6-4 说明了混凝土保护层厚度对提高混凝土使用寿命的重要性，在常规保护层厚度下（4 cm），未采用防护措施的普通钢筋混凝土在半埋状态下 3 年多即开始腐蚀破坏，这与青海当地的实际情况是一致的。在采用普通混凝土的情况下，

即使钢筋保护层厚度选用 10 cm，混凝土结构也仅能使用 27 年，因此对于青海氯盐渍土地区的工程结构，除了增大混凝土保护层厚度外，还应采用高性能混凝土等其他防腐措施，否则无法满足工程耐久性的要求。

6.4 基于快速试验的盐渍土地区半埋混凝土寿命预测

同氯离子的侵蚀一样，半埋混凝土的寿命也包括硫酸盐离子在毛细管作用下沿混凝土浅层区域上升至吸附区高度，并在吸附区深层区域扩散，与混凝土发生反应导致混凝土强度损失到临界值的过程。硫酸盐离子在半埋混凝土中的传输聚集以及对混凝土所造成的破坏都可以用相对动弹性模量的变化来表示。半埋混凝土吸附区浅层区域的硫酸盐结晶膨胀并不是导致混凝土破坏的主要原因，因此本节考虑半埋混凝土吸附区浅层区域离子传输的时间，将普通半埋混凝土在深层区域的腐蚀作用下，相对动弹性模量下降至损伤临界值的时间作为混凝土的使用寿命。

6.4.1 盐渍土地区半埋混凝土损伤变量

对于青海盐渍土地区的半埋普通混凝土结构，即使环境中氯离子含量很高，其他不是混凝土耐久性主要的破坏因素，不能应用氯离子扩散聚集理论来预测其使用寿命，这类混凝土结构的耐久性是以混凝土自身的破坏为标志的。

半埋混凝土在硫酸盐腐蚀作用下的损伤失效过程，反映了混凝土承载能力的失效过程。根据损伤力学原理，混凝土的损伤变量可以表示为式（6.16）：

$$D = 1 - E_t / E_0 \tag{6.16}$$

式中：D 为混凝土的损伤变量；E_0 为混凝土损伤前的动弹性模量；E_t 为混凝土损伤后的动弹性模量。

由于混凝土相对动弹性模量 $E_r = E_t / E_0$，则式（6.16）变为：

$$D = 1 - E_r \tag{6.17}$$

式（6.17）说明混凝土的损伤过程可以用相对动弹性模量来表示，因此研究动弹性模量的变换可以分析出混凝土损伤失效过程。

6.4.2 基于快速试验的半埋普通混凝土寿命预测

1. 加速系数的确定

加速系数准确地测定需要大量的长期现场观测资料，遗憾的是截至目前青海当地并无充足的暴露试验数据，国内外也无可靠的相关文献供参考，因此无法准确地确定出快速试验的加速系数。东南大学慕儒博士、金祖权博士在确定快速试验系数时也都采用保守估算的方法，因此本节参考金祖权博士的算法，通过分析加速机理，对加速系数进行估算。

相同的干湿循环制度下的混凝土试件活化能相同。半埋混凝土在硫酸盐渍土中的损伤劣化过程，从根本上说是腐蚀性离子扩散与化学反应并存的过程，反应的总速度可以认为是离子扩散与反应速度的并联：

$$\frac{1}{V_{总}} = \frac{1}{V_{扩散}} + \frac{1}{V_{反应}} \tag{6.18}$$

温度越高，化学反应速度就越快。温度 T 对化学反应速度 K 的影响可以用 Arrhenius 公式表示：

$$K = K_0 \exp\left(-\frac{E_a}{T}\right) \tag{6.19}$$

式中：K 为化学反应速度；T 为反应温度（开氏）；K_0 为指数前因子（频率因子）；E_a 为试验活化能。

而温度升高会使腐蚀性溶液中分子的活化能提高，也会加快腐蚀性溶液在混凝土中的传输，温度 T 对离子扩散系数 D 的影响可以用 Stephen 模型表示，见式（6.20）：

$$D(T) = D_0 \frac{T_1}{T_2} \exp\left[q\left(\frac{1}{T_2} - \frac{1}{T_1}\right)\right] \tag{6.20}$$

式中：$D(T)$ 为温度为 T_2（开氏）时的氯离子扩散系数；D_0 为温度为 T_1 时的氯离子扩散系数；q 为活化系数。

从式（6.19）和式（6.20）可以看出，温度对混凝土硫酸盐腐蚀反应和扩散的加速形式是一致的，因此温度对混凝土腐蚀的加速系数可以表示为式（6.21）：

$$K = \frac{K_2}{K_1} = \exp\left(\frac{E}{R}\left[\frac{1}{T_1} - \frac{1}{T_2}\right]\right) \tag{6.21}$$

式中：$\frac{E}{R}$ 为活化能；T_1 为实际工程条件下平均温度（开氏）；T_2 为快速腐蚀试验的平均温度（开氏）。

该活化能包括离子扩散和化学反应两部分，因此只要求出该活化能，就能得到混凝土干湿循环制度在不同温度条件下的加速系数。

西安建筑科技大学王应生等人研究了干湿交替循环和半浸泡试验之间的关系，

采用的干湿循环制度为 20 ℃ 浸泡 16 h，晾干 1 h，再烘干 6 h，烘干温度为 80 ℃，之后自然冷却 1 h，此为一个循环，一个循环中浸泡时间和烘干时间之比为 8 : 3，该腐蚀制度下的平均温度按式（6.23）计算，算得平均时间为 36.3 ℃。通过试验研究发现，同种的试件在相同的腐蚀浓度下，通过干湿循环达到 75% 的抗压耐蚀系数临界破坏指标需要 222 天，在半浸泡条件下达到相同的破坏指标需要 680 天，全浸泡条件下达到相同的破坏指标需要 1140 天，因此可以认为全浸泡干湿循环相对于普通半浸泡的加速系数为 3，而普通半浸泡相对于普通全浸泡的加速系数为 1.7，因此可以认为，在采用半浸泡干湿循环时，干湿循环相对于普通半浸泡的加速系数为 1.7 × 3 ≈ 5。

$$T_{均} = \frac{T_{烘} \times t_{烘} + T_{浸} \times t_{浸} + t_{冷却} \times \dfrac{T_{烘} + t_{浸}}{2}}{t_{循环}} \tag{6.22}$$

式中：$T_{烘}$ 为试件烘干温度；$T_{浸}$ 为试件浸泡温度；$t_{烘}$ 为试件烘干时间；$t_{浸}$ 为试件浸泡时间；$t_{冷却}$ 为烘干过程和浸泡过程之间的冷却时间；$t_{循环}$ 为每个干湿循环的时间。

将其循环制度代入式（6.21）：

$$5 = \exp\left[\frac{E}{R}\left(\frac{1}{T_1} - \frac{1}{T_2}\right)\right] = \exp\left[\frac{E}{R}\left(\frac{1}{273+20} - \frac{1}{273+36.3}\right)\right] \tag{6.23}$$

解得 $\dfrac{E}{R} = 8950$。

由于本书的腐蚀制度与其相同，且每个循环中浸泡时间和烘干时间之比 $T_{浸} : T_{烘} ≈ 8 : 3$，即王应生等人得出的活化能结果可以适用于本书。

在本试验中，青海格尔木暴露试验场年平均气温 5.1 ℃，快速试验进行时西安当地的平均温度 6 ℃，两者具有较好的契合程度。将本书的循环制度数据带入式（6.22），得：$T_{均} ≈ 27.6$ ℃。

可得本书循环制度相对于半埋混凝土的加速系数：

$$K = \exp\left(\frac{E}{R}\left[\frac{1}{T_1} - \frac{1}{T_2}\right]\right) = \exp\left(8\,950 \times \left[\frac{1}{273+5.1} - \frac{1}{273+27.6}\right]\right) ≈ 11 \tag{6.24}$$

2. 半埋普通混凝土寿命预测步骤

（1）根据工程所在地的气候特征、水文地质条件及结构的具体使用用途，确定实际工程中遭受的耐久性破坏因素。

（2）设计合理的干湿循环制度，采用与实际工程中相同配合比的混凝土试件进行室内加速腐蚀试验，腐蚀溶液浓度与工程所在地地表盐渍土所含硫酸盐浓度一致，并根据试验结果回归出相应混凝土试件的损伤演化方程。

（3）根据损伤演化方程，反算出当 E_r=60% 时混凝土在加速腐蚀试验条件下的所需时间。

（4）结合循环条件及实际环境条件确定加速试验的加速系数。

在确定加速系数 K 时，在有足够的暴露试验资料的情况下可以准确地得出加速系数；在没有足够的资料条件下，可以参考本书的方法进行计算，也可以对同一环境中使用相同混凝土的其他建筑物的劣化程度进行评估，估算出 K；如果有足够的经验也可以对 K 进行估计，但 K 的估计须考虑混凝土所处环境中损伤因子的作用强度。

（5）混凝土预期使用寿命的估算。

可以采用式（6.25）来预估实际工程条件下的混凝土使用寿命：

$$t = K \times t_0 + t' \tag{6.25}$$

式中：t 为混凝土的使用寿命；K 为快速腐蚀试验的加速系数；t_0 为快速试验中 E_r 等于 60% 时的腐蚀时间；t' 为半埋混凝土吸附区浅层区域水分含量稳定所需时间。

3. 用损伤演化方程预测盐渍土地区半埋普通混凝土的使用寿命

在本书的试验研究中，测定了快速腐蚀试验中混凝土的相对动弹模量和质量的变化情况，如图 6-10 所示。

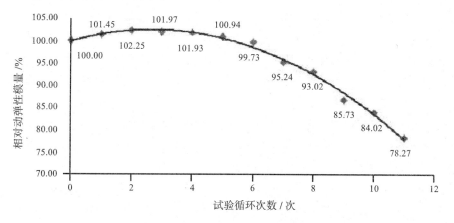

图 6-10　相对动弹性模量变化情况

东南大学余红发指出，混凝土的损伤曲线主要分为直线和二次抛物线，因此本书使用 Matlab 7.10.0（R2010a）中的"Curve Fitting Tool"模块对图 6-10 中的数据进行拟合，拟合方式选用二次多项式拟合（quadratic polynomial），在 95% 的置信区间下，拟合优度 R^2 为 0.992 8，拟合方程见式（6.26），拟合图像见图 6-11 所示：

$$y = -0.003\ 546x^2 + 0.019\ 08x + 0.999\ 1 \qquad (6.26)$$

式中：x 为循环次数；y 为相对动弹性模量 E_r。

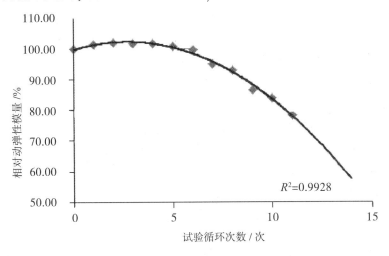

图 6-11　混凝土损伤曲线拟合图像

在相对动弹性模量下降到临界点 60% 时，即取 $y=0.6$，求解式（6.26）得 $x=13.6$，则 $t_0=13.6 \times 7 \approx 95$（d）。

根据式（6.25），取 $t_0=95$ 天，加速系数 $K=11$，由半埋钢筋混凝土的氯离子传输各过程所需时间的内容可知，混凝土吸附区浅层区域离子传输稳定时所需时间为 0.3 年，因此本书所采用的混凝土在半埋于盐渍土地区且没有任何保护措施时，使用寿命约为 3.1 年。东南大学余红发在青海察尔汗盐湖地区的调查表明，当地混凝土在 2 到 3 年内就发生严重破坏，本书的结果与余红发的调查结果是基本一致的。

第7章 总结

经过多年的研究与发展，我国的盐渍土研究取得了长足进展。随着盐渍土基本特性及其评估技术方法等研究进一步深入，多学科方法与技术的综合运用得到了加强，盐渍土利用过程中的优化管理和土壤水盐动态的优化调控也受到重视。受此影响，人们开始关注土壤盐渍化的发生演变与生态环境的关系，并将土壤盐渍化作为土地退化的一个重要方面和影响全球生态环境的重要因子来进行研究。人类活动对土壤次生盐渍化的影响、土壤盐渍化的预测预报和土壤盐渍化演变趋势等研究已逐步与生态环境的变化联系起来。环境友好、费用节省的生物治理和盐土农业技术受到了重视。从科学需求角度分析，土壤中盐分运移、积聚及其变化过程，盐渍土的发生演变与新型盐渍化评估技术方法，土壤水盐调控，盐渍土资源的利用与管理，土壤盐渍化的防控，盐渍化的环境效应等更是国内外盐渍土研究的重点问题。作为我国重要的土壤资源和农业资源，盐渍土资源的利用和管理理应成为盐渍土研究工作的重点。

盐渍土研究工作应深入阐明土壤水盐运移机制和土壤盐分动态变化规律，揭示植物与土壤盐分之间的相互作用机理，建立土壤的水盐调控理论体系和防抑盐碱障碍定向培育理论。同时，要针对我国主要盐渍土壤的盐碱障碍因子特点，运用综合管理技术措施，进行盐渍土壤的水盐与肥力状况的优化调控，通过盐渍土壤的定向培育提高其土壤质量，防范次生盐渍化的发生，以提高盐渍土的生产力水平，提高我国盐渍土资源的利用效率。展望我国的盐渍土研究，建议重点开展以下工作：

（1）土壤盐渍化的监测、评估、预测和预警研究。包括研究土壤水盐的动态监测技术、田间土壤盐分的优化评估技术方法、不同利用和管理条件下盐渍化发生的多尺度风险评价和预警技术方法，开展典型盐渍区或热点区域次生盐渍化发生与发展趋势预测、预警和风险评估研究，开展盐碱危害指标及土壤盐渍化危害诊断指标体系研究，完善盐渍土分级指标体系。

（2）田间尺度的土壤水盐运移过程及其模拟研究。重点研究土壤盐分运移、积聚的动力学机制，土壤水盐运移过程及其空间变异的动态模拟，土壤水盐运移模型的尺度提升，咸水或微咸水利用条件下的水盐运移规律，滴灌条件下土壤水盐运移与盐分积聚规律及其模拟，水—热—盐耦合运移的数值模拟，以及水盐运移的随机统计模型等。

（3）植物与土壤盐分的相互作用机制与盐渍土的生物治理。包括植物对土壤盐分的响应机理、植物种植对土壤盐分动态的影响机制、生物作用对盐分运移与积聚的影响机理、植物抗盐机理及其调控理论、盐渍土的生物治理机制、盐土农业技术等。

（4）土壤水盐优化调控机制与技术研究。包括水利工程、灌溉、排水、田间和耕作、生物农艺等的调控土壤水盐的机制，集成水盐调控目标的土壤水盐优化调控机制，区域水盐平衡调控规划技术、土壤水盐优化调控技术与集成模式，潜在盐渍区和边缘水质灌溉区土壤防盐调控机制。

（5）盐碱障碍治理，修复与盐渍土资源利用的优化管理研究。包括中低产田盐碱障碍，灌溉扩展条件下盐碱障碍，新型灌溉方式下的盐碱障碍，设施农业条件下的盐碱障碍，微咸水利用条件下的盐碱障碍，沿海滩涂盐碱障碍的治理技术与模式，盐渍土的快速治理与修复技术，土壤盐碱改良剂的研制，盐渍土的工程、水利、生物农艺培育技术，盐渍土利用过程中的优化管理技术，等等。

（6）土壤盐渍化的生态环境效应研究。包括次生盐渍化的生态环境效应、盐渍区水土资源开发利用中的生态环境建设、大型水工程影响区的盐渍退化与生态环境建设、土地退化与生态环境的关系、气候变化与盐渍化演变、绿洲扩展和节水灌溉条件下的盐渍退化及其生态环境变化等。

（7）对土建工程的影响。盐渍土对土建工程的影响方面相对较多，这其中既包括对建筑工程的腐蚀影响，又包括对建筑工程的碳化影响，最终影响的是建筑工程的使用寿命。对此，在盐渍土地区开展土建工程时，就需要提前做好防腐蚀工作和抗碳化工作，这也是保证盐渍土地区土建工程发挥有效作用的关键点。

（8）结合半埋混凝土的氯离子传输特征，根据修正后的菲克第二定律对半埋混凝土吸附区的氯离子分布规律进行拟合，得出在青海盐渍土地区钢筋混凝土使用寿命与钢筋保护层之间的关系。青海盐渍土地区的半埋普通混凝土在常规保护层厚度下（4 cm），3 年多即开始腐蚀破坏，符合青海当地的实际情况，具有一定的参考价值。

（9）采用基于加速试验的混凝土的寿命预测方法，并通过结合实际环境条件设计的快速腐蚀试验对盐渍土地区半埋混凝土进行寿命预测，预测得出在青海盐渍土地区严酷条件下，未经任何处理的半埋混凝土使用寿命仅为 3.1 年，基本符合青海当地实际情况，取得了比较满意的效果。

附录1 三轴试验原始数据

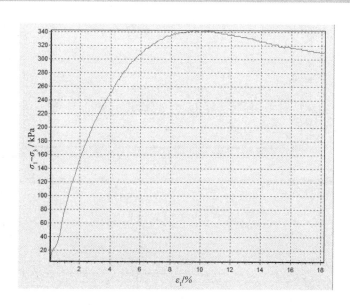

（a）主应力差与轴向应变的关系曲线 （100 kPa）

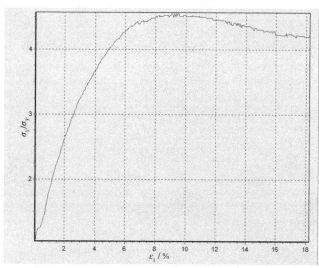

（b）有效主应力比与轴向应变的关系曲线 （100 kPa）

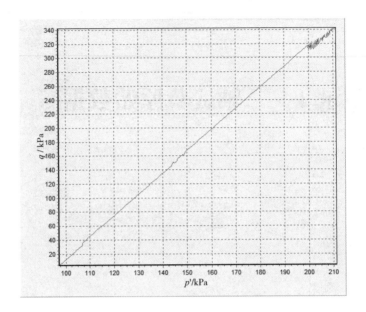

（c）p' 与 q 的关系　　（100 kPa）

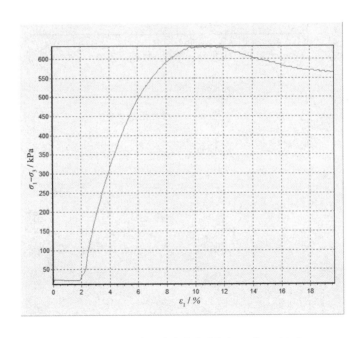

（d）主应力差与轴向应变的关系曲线　　（200 kPa）

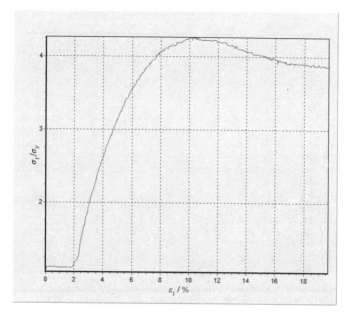

（e）有效主应力比与轴向应变的关系曲线　　（200 kPa）

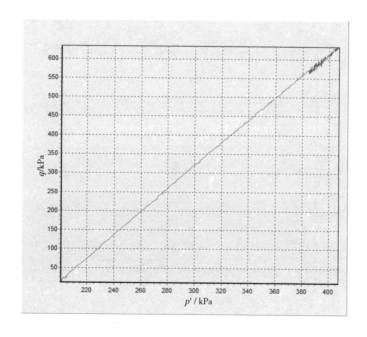

（f）p' 与 q 的关系　　（200 kPa）

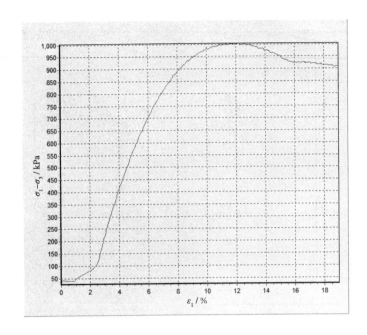

（g）主应力差与轴向应变的关系曲线 （300 kPa）

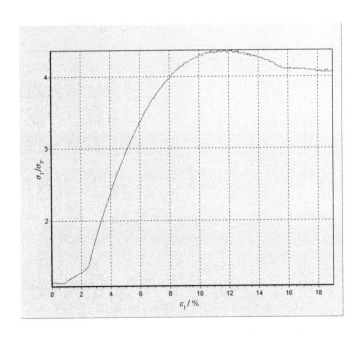

（h）有效主应力比与轴向应变的关系曲线 （300 kPa）

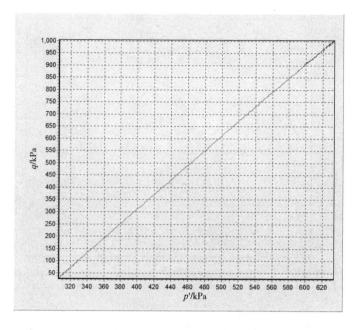

（i）p' 与 q 的关系　（300 kPa）

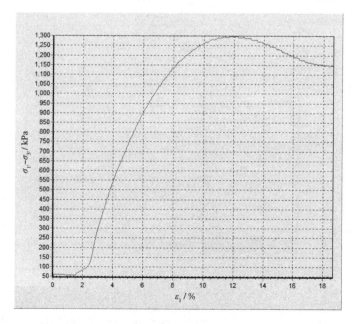

（j）主应力差与轴向应变的关系曲线　（400 kPa）

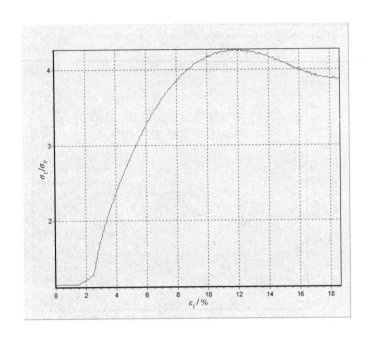

（k）有效主应力比与轴向应变的关系曲线　（400 kPa）

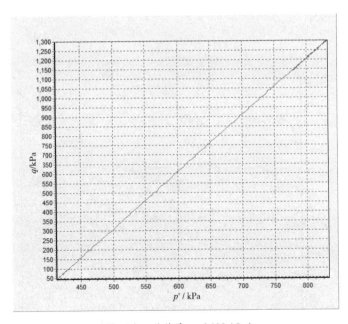

（l）p' 与 q 的关系　（400 kPa）

图附录 1-1　含 0.5% 硼酸钠细粒盐渍土三轴试验相关曲线

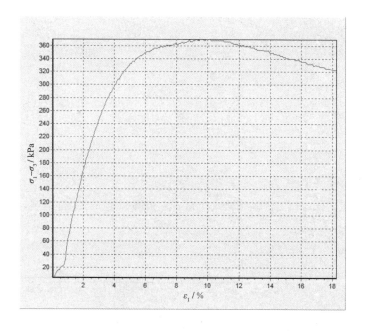

（a）主应力差与轴向应变的关系曲线 （100 kPa）

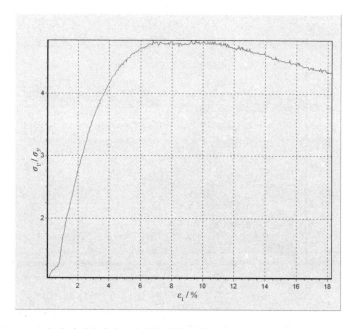

（b）有效主应力比与轴向应变的关系曲线 （100 kPa）

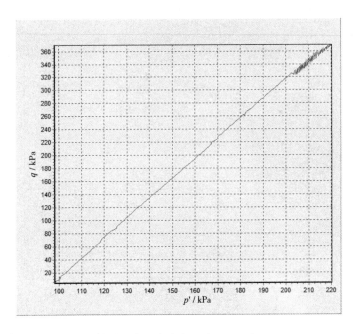

（c）p' 与 q 的关系　（100 kPa）

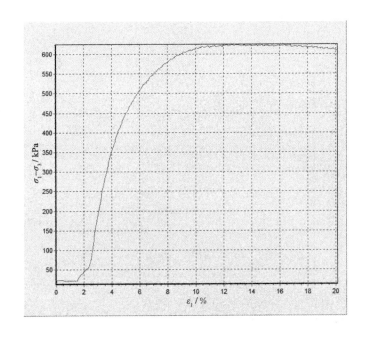

（d）主应力差与轴向应变的关系曲线　（200 kPa）

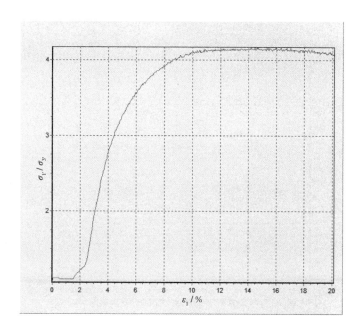

（e）有效主应力比与轴向应变的关系曲线　（200 kPa）

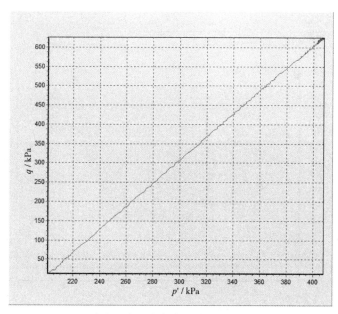

（f）p' 与 q 的关系　（200 kPa）

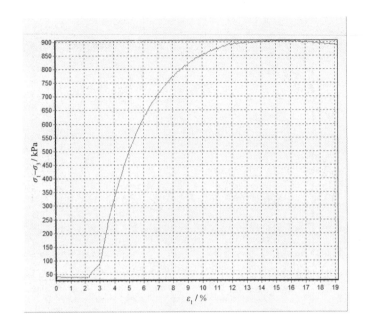

（g）主应力差与轴向应变的关系曲线 （300 kPa）

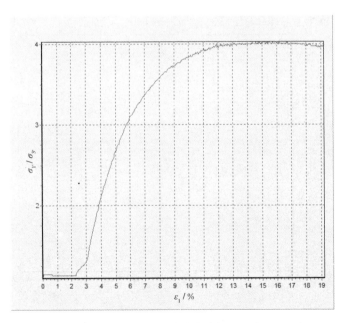

（h）有效主应力比与轴向应变的关系曲线 （300 kPa）

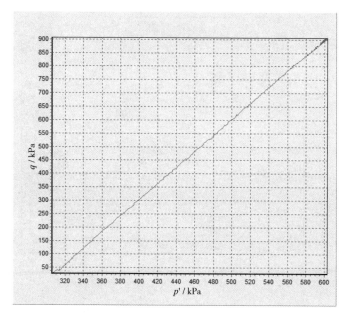

（i）p' 与 q 的关系 （300 kPa）

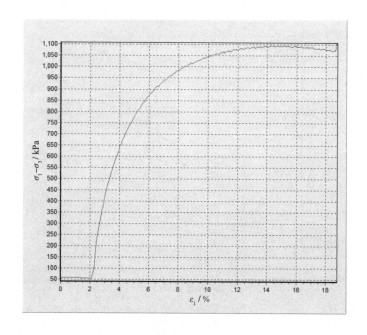

（j）主应力差与轴向应变的关系曲线 （400 kPa）

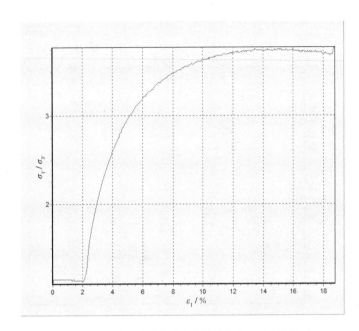

（k）有效主应力比与轴向应变的关系曲线 （400 kPa）

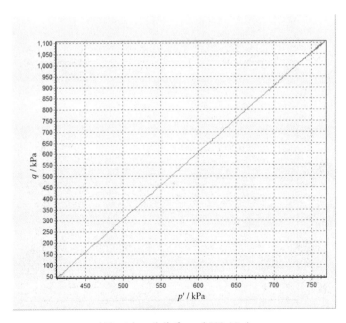

（1）p' 与 q 的关系 （400 kPa）

图附录 1-2　含 2.5% 硼酸钠细粒盐渍土三轴试验相关曲线

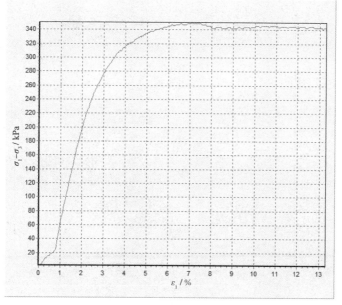

（a）主应力差与轴向应变的关系曲线　（100 kPa）

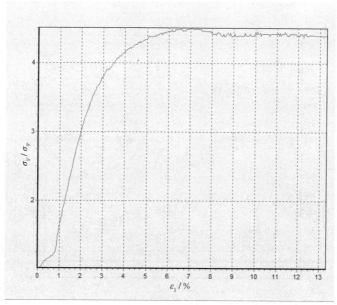

（b）有效主应力比与轴向应变的关系曲线　（100 kPa）

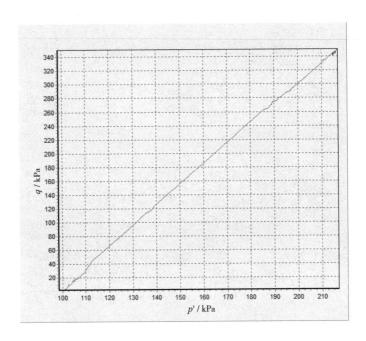

（c）p' 与 q 的关系 （100 kPa）

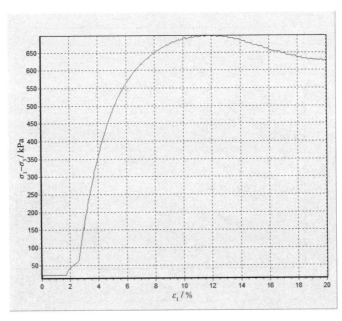

（d）主应力差与轴向应变的关系曲线 （200 kPa）

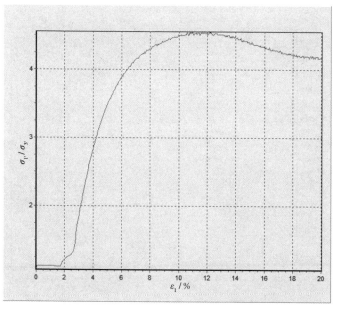

（e）有效主应力比与轴向应变的关系曲线 （200 kPa）

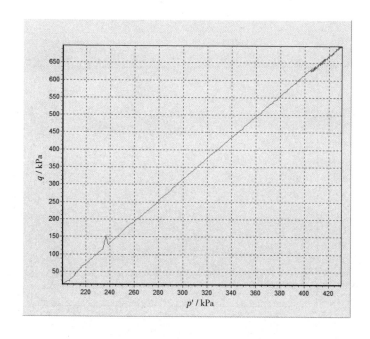

（f）p' 与 q 的关系 （200 kPa）

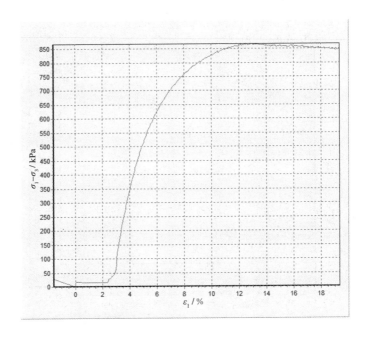

（g）主应力差与轴向应变的关系曲线　（300 kPa）

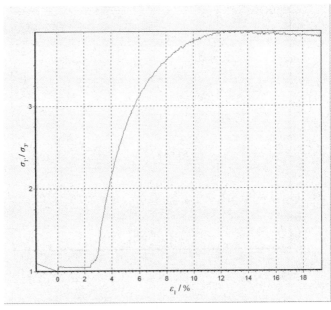

（h）有效主应力比与轴向应变的关系曲线　（300 kPa）

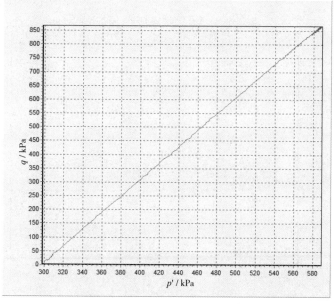

（i）p' 与 q 的关系   （300 kPa）

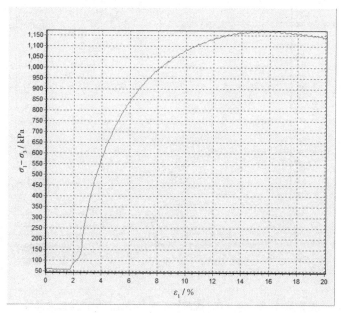

（j）主应力差与轴向应变的关系曲线   （400 kPa）

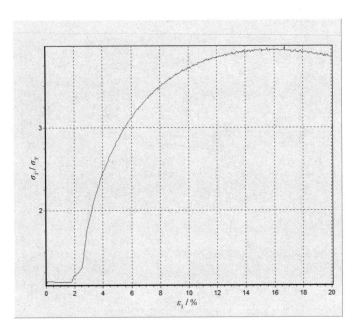

（k）有效主应力比与轴向应变的关系曲线　（400 kPa）

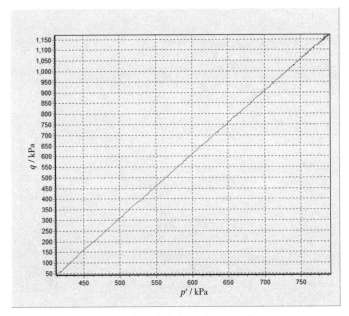

（l）p' 与 q 的关系　（400 kPa）

图附录 1-3　含 3.0% 硼酸钠细粒盐渍土三轴试验相关曲线

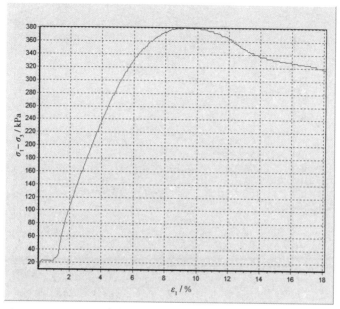

（a）主应力差与轴向应变的关系曲线 （100 kPa）

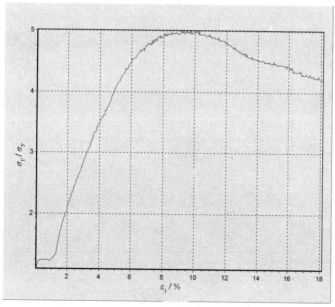

（b）有效主应力比与轴向应变的关系曲线 （100 kPa）

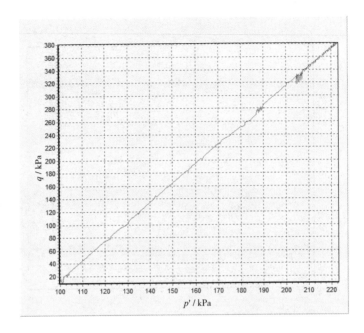

（c）p' 与 q 的关系 （100 kPa）

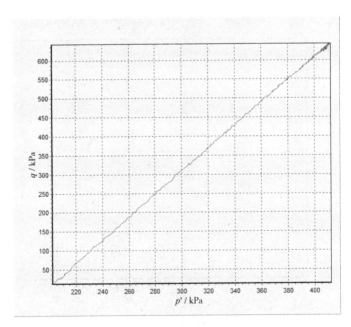

（d）p' 与 q 的关系 （200 kPa）

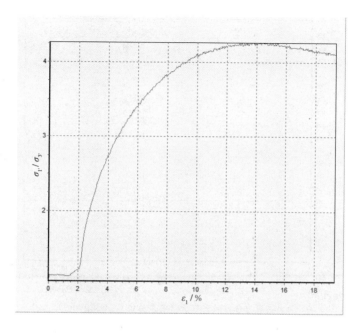

（e）有效主应力比与轴向应变的关系曲线 （200 kPa）

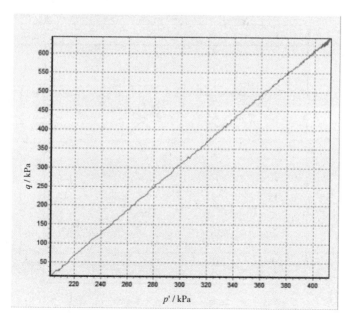

（f）p' 与 q 的关系 （200 kPa）

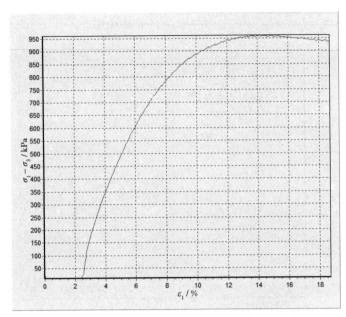

（g）主应力差与轴向应变的关系曲线　　（300 kPa）

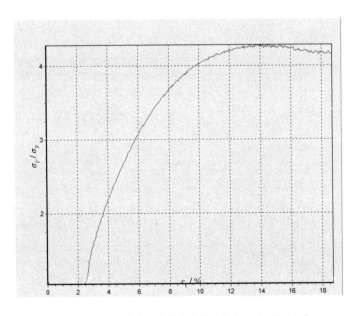

（h）有效主应力比与轴向应变的关系曲线　　（300 kPa）

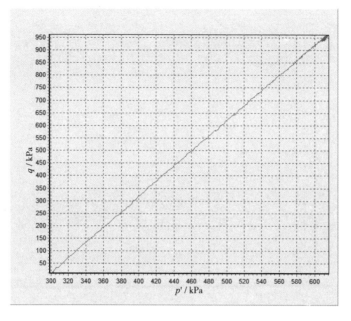

（i）p' 与 q 的关系　　（300 kPa）

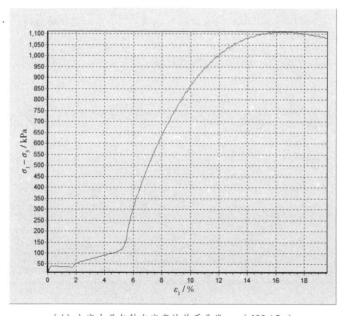

（j）主应力差与轴向应变的关系曲线　　（400 kPa）

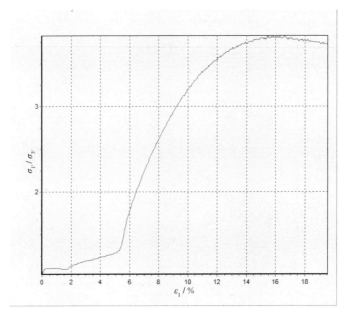

（k）有效主应力比与轴向应变的关系曲线　　（400 kPa）

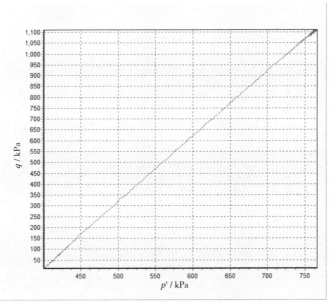

（l）p' 与 q 的关系　　（400 kPa）

图附录 1-4　含 0.5% 氯化钠细粒盐渍土三轴试验相关曲线

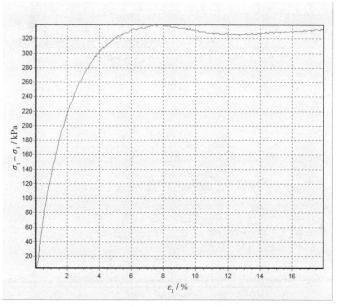

（a）主应力差与轴向应变的关系曲线　（100 kPa）

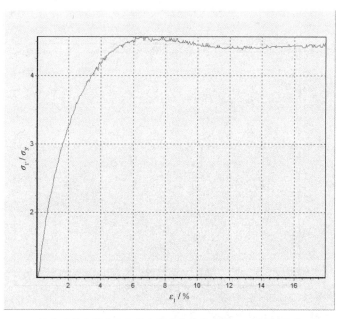

（b）有效主应力比与轴向应变的关系曲线　（100 kPa）

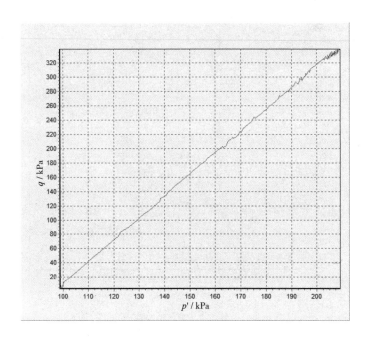

（c）p' 与 q 的关系　（100 kPa）

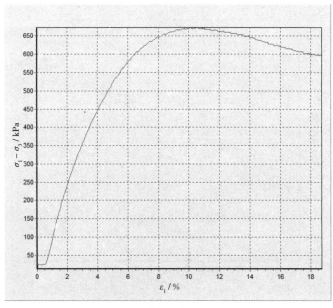

（d）主应力差与轴向应变的关系曲线　（200 kPa）

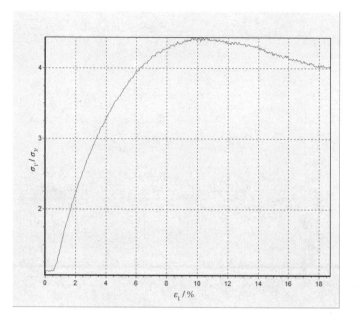

（e）有效主应力比与轴向应变的关系曲线 （200 kPa）

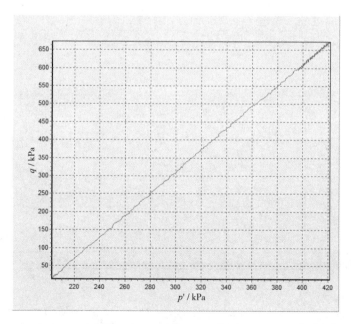

（f）p' 与 q 的关系 （200 kPa）

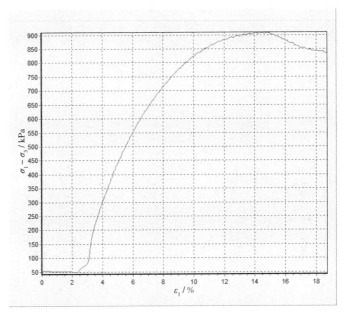

（g）主应力差与轴向应变的关系曲线 （300 kPa）

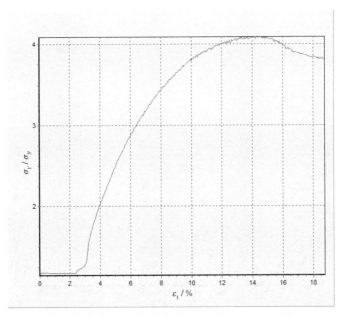

（h）有效主应力比与轴向应变的关系曲线 （300 kPa）

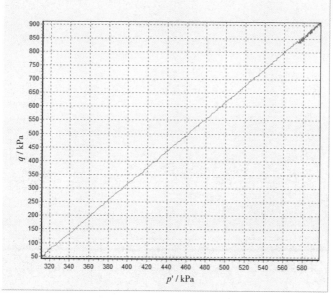

（i）p' 与 q 的关系 （300 kPa）

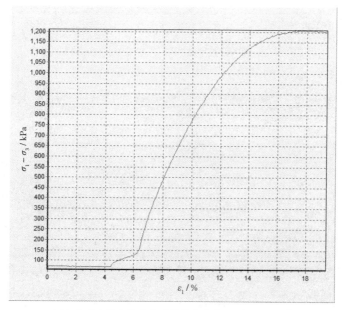

（j）主应力差与轴向应变的关系曲线 （400 kPa）

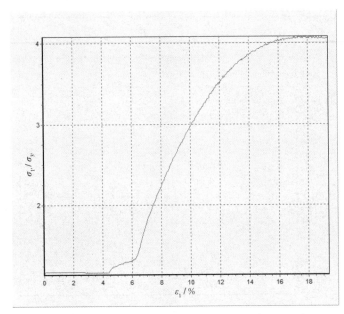

（k）有效主应力比与轴向应变的关系曲线 （400 kPa）

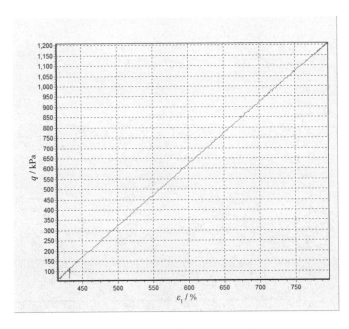

（l）p' 与 q 的关系 （400 kPa）

图附录 1-5 含 2.0% 氯化钠细粒盐渍土三轴试验相关曲线

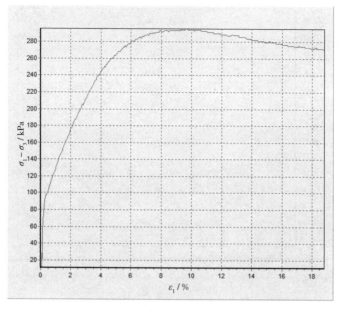

（a）主应力差与轴向应变的关系曲线 （100 kPa）

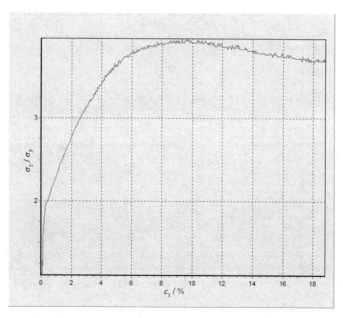

（b）有效主应力比与轴向应变的关系曲线 （100 kPa）

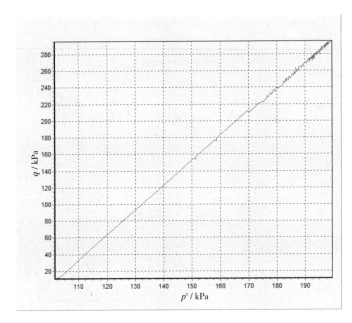

（c）p' 与 q 的关系 （100 kPa）

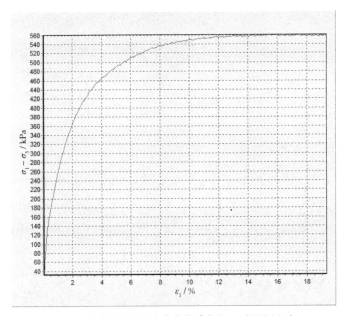

（d）主应力差与轴向应变的关系曲线 （200 kPa）

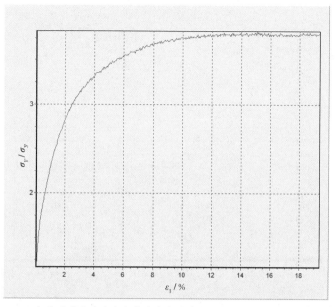

（e）有效主应力比与轴向应变的关系曲线 （200 kPa）

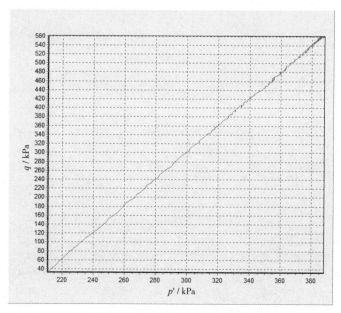

（f）p' 与 q 的关系 （200 kPa）

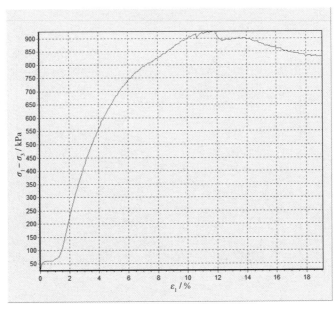

（g）主应力差与轴向应变的关系曲线　（300 kPa）

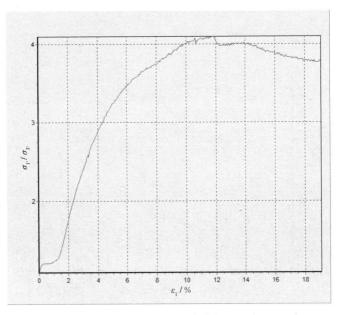

（h）有效主应力比与轴向应变的关系曲线　（300 kPa）

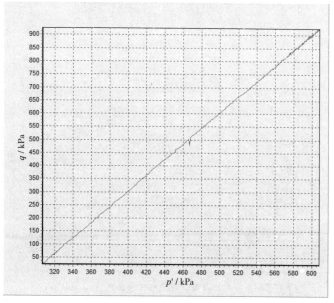

（i）p' 与 q 的关系 （300 kPa）

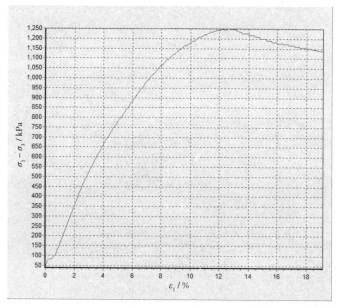

（j）主应力差与轴向应变的关系曲线 （400 kPa）

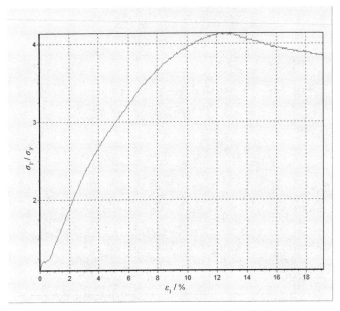

（k）有效主应力比与轴向应变的关系曲线 （400 kPa）

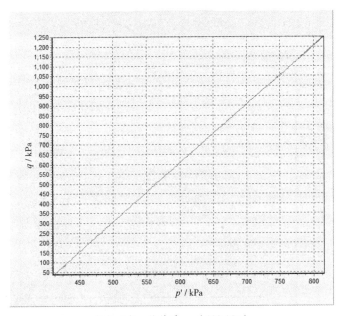

（1）p′与 q 的关系 （400 kPa）

图附录 1-6 含 0.5% 硫酸钠细粒盐渍土三轴试验相关曲线

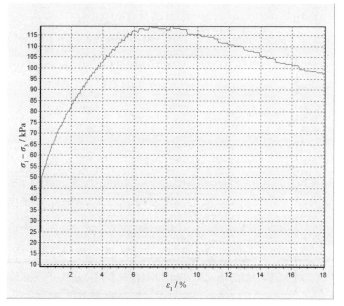

（a）主应力差与轴向应变的关系曲线 （100 kPa）

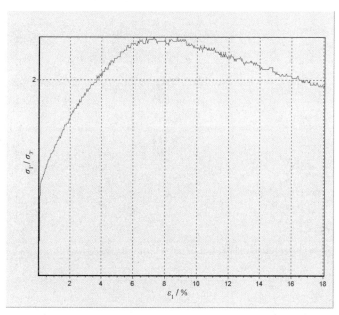

（b）有效主应力比与轴向应变的关系曲线 （100 kPa）

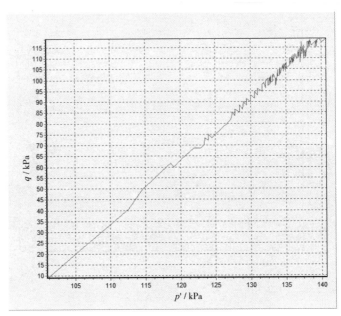

（c）p' 与 q 的关系 （100 kPa）

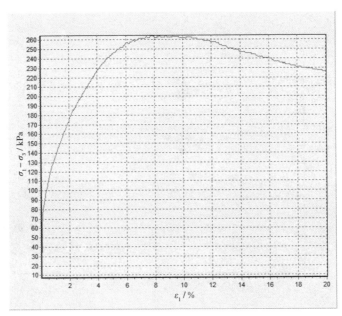

（d）主应力差与轴向应变的关系曲线 （200 kPa）

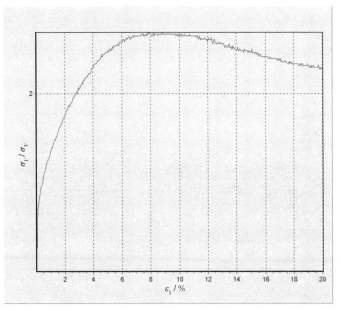

（e）有效主应力比与轴向应变的关系曲线　　（200 kPa）

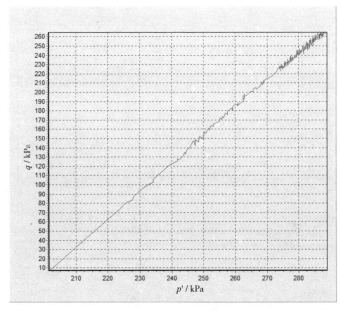

（f）p' 与 q 的关系　　（200 kPa）

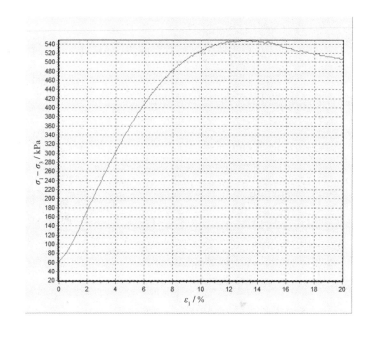

（g）主应力差与轴向应变的关系曲线 （300 kPa）

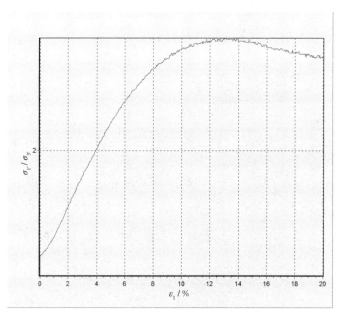

（h）有效主应力比与轴向应变的关系曲线 （300 kPa）

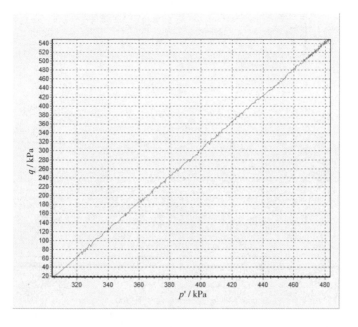

（i）p' 与 q 的关系 　（300 kPa）

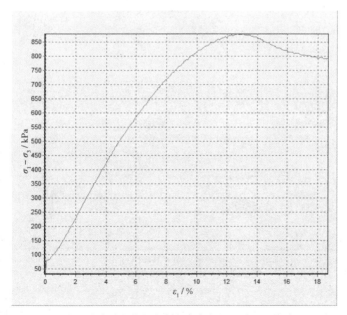

（j）主应力差与轴向应变的关系曲线 　（400 kPa）

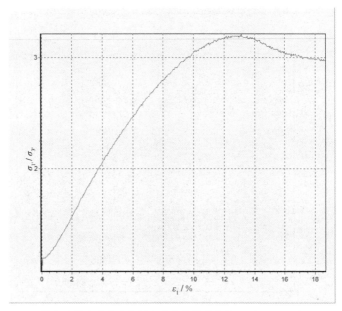

（k）有效主应力比与轴向应变的关系曲线 （400 kPa）

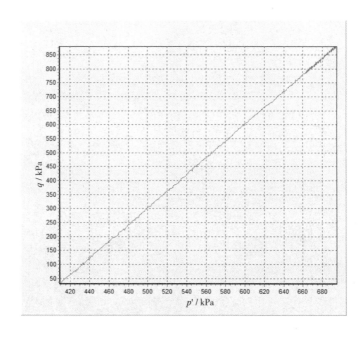

（1）p' 与 q 的关系 （400 kPa）

图附录 1-7 含 3.5% 硫酸钠细粒盐渍土三轴试验相关曲线

附录2 MATLAB 盐渍土的模糊聚类法程序

第一步：数据标准化程序

```
function[X]=F_JISjBzh(cs，X)
% 模糊聚类分析数据标准化变换
%X 原始数据矩阵；cs=0，不变换；cs=1，标准差变换
%cs=2，极差变换
if(cs==0) return;end
[n，m]=size(X);% 获得矩阵的行列数
if(cs==1)% 平移极差变换
for(k=1:m) xk=0;
for(i=1:n) xk=xk+(X(I，k);end
xk= xk/n;sk=0;
for(i=1:n) sk=sk+( X(I，k)−xk) ∧ 2;end
sk=sqrt(sk/n);
for(i=1:n) X(i，k)=(X(I，k)−xk)/sk;end
end
else% 平移 * 极差变换
for(k=1:m) xmin=X(1，k);xmax=X(1,k);
for(i=1:n)
if(xmin>X(i，k)) xmin=X(i，k);end
if(xmax<X(i，k)) xmax=X(i，k);end
end
for(i=1:n) X(i，k)=(X(i，k)−xmin)/(xmax−xmin);end
end
```

第二步：标定 (建立模糊相似矩阵) 程序

```
function [R]=F_jir(cs，X)
%cs==8，直接欧几里得距离法
```

```
%cs==9，直接海明距离法 ( 绝对值减数法 )
%cs==10，直接切比雪夫距离法
elseif(cs<=10)
C=0;
for(i=1:n)
for(j=i+1:n)
d=0;
% 直接欧几里得距离法
if(cs==8)
for(k=1:m)
d=d+(X(i，k)- X(j，k))^2;
end
d=sqrt(d):
% 直接海明距离法
elseif(cs==9)
for(k=1:m)
d=d+abs(X(i，k)-X(j，k));
end
% 直接切比雪夫距离法
else
for(k=1:m)
if(d<abs(X(i，k)-X(j，k)))
d=abs(X(i，k)-X(j，k));
end
end
end
if(C<d)
C=d;
end
end
end
C=1/(1+C) ;
for(i=1:n)
```

```
for(i=1:n)
d=0;
% 直接欧几里得距离法
if(cs==8)
for(k=1:m)
d=d+(X(i, k)−X(j, k))^2;
end
d=sqrt(d);
% 直接海明距离法
elseif(cs==9)
for(k=1:m)
d=d+abs(X(i, k)−X(j, k));
end
% 直接切比雪夫距离法
else
for(k=1:m)
if(d<abs(X(i, k)−X(j, k)))
d=abs(X(i, k)−X(j, k));
end
end
end
R(i, j)=1−C*d;
end
end
```

第三步：传递闭包法聚类分析程序（求动态聚类图）中

```
functionF_JIDtjl(R)% 定义函数。
% 模糊聚类分析动态聚类
%R 模糊相似矩阵
[m, n]=size(R);% 获得矩阵的行列数
if( ～ nlm==0)retum;end
for(i=1:n)RG, i)=1;% 修正错误
    for(i=i+1:n)+
        if(R(i, j)<0)R(i, j)=0;
```

```
        elseif(R(i，j)>1)R(i，j)=1;end
    R(i，j)=ound(10000*R(i，j)10000;% 保留四位小数
    R(j，i)=R(G，j);
    end
    end
    js0=0;
    while(1)% 求传递闭包
        R1=Max_Min(R，R);%.
        js0=js0+1;
        if(R1==R)break;else R=R1;end+
    end
    Imd(1)=1;k=1;
    for(i=1:n)for(=i+1:n)pd=1;% 找出所有不相同的元素
        for(x=1:k)
        if(R(i，j)=Imd(x))pd=0;break;end;end

    if(pd)k=k+1:Imd(k)=R(i，j):end
    end;end
    for(i=1;k−1)for(j=i+1:k)
    if(Imd(i)<Imd))% 从大到小排序
    x=Imd(j):Imd(j)=Imd(i):Imd(i)=x
    end;end;end
    for(x=1:k)% 按 Imd(x) 分类，分类数为 flsz(x),用 Sz 记录元素序号
      js=0;fsz(x)=0:
      for(i=1:n)pd=1
        for(y=1:js)if(Sz(y)==i)pd=0;break;end;end
        if(pd)
          for(j=1:n)
          if(R(i，j)>=md(x))js=js+1;Sz(s)j;end;end
          flsz(x)=flsz(x)+1;
        end
      end
    end
```

```
for(i=1:k−1)
forj=i+1:k)
if(fsz(j)=flsz(i))fsz(j)=0;end;end;end
f1=0;% 排除相同的分类
for=(i=1:k)if(fsz(i))f1=f+1;Imd(f1)=Imd(i);end;end
for(i=1:n)xhsz(i)=I;end
for(x=1:f1)% 获得分类情况：对元素分类进行排序
   js=0;flsz(x)=0;
   for(i=1:n)pd=1;
     for(y=1;js)if(Sz(y)=i)pd=0;break;end;end
     if(pd)if(js==0)y=0:end
       for=(j=1:n)if(R(i，j)>=Imd(x))js=js+1;Sz(js)=j;end;end
       flsz(x)=flsz(x)+1;
       Sz0(flsz(x))js−y;
   end
end
js0=0
for(=1fsz(x)0
   forj=1:Sz0(1))Sz1()=Sz(js0+):end
   forj=1n)for(y=1Sz0()+
   if(xhsz(j)=Sz1(y))
   jS0=jS0+1;Sz(js0)=xhsz(j):end;end;end
 end
 for(i=1:n)xhsz(i)=Sz(i);end
end
for(x=1:f1)% 获得分类情况：每一子类的元素个数
   js=0;flsz(x)=0;
   for(i=1:n)pd=1;

for(i=1:n)
text(1x−5+i*Kd−0.4*Kd*(xhsz(i)>9)，y+Gd/2，int2str(xhsz(i)));
line([lx+i*Kd，1x+i*Kd],[y，yGd)
linesz(i)=lx+i*Kd;
```

```
end
text(1x*1.5+i*Kd，y+Gd/2，'分类数');
y=-yGd;
for(x=1:f1)
   text(8，yGd/2，num2str(Imd(x))) "
   js0=1;js1=0;
   if(x==1)
     for(i=1:flsz(x))
        js1=flqksz(x，i)-1
        if(jsl)line([linesz(js0)，linesz(js0+js1)]，[y，y];end
        line([(inesz(jso+js1)+linesz(js0))/2
(linesz(js0+js1)+linesz(js0))/2]，[y，y-Gd):
linesz(i)=(linesz(js0+js1)+linesz(js0))/2
js0=js0+js1+1

   end
   else for(i=1:fsz(x))
       jsl=jsl+flqksz(x，i):
       js2=0;pd=0;
       for(j=1;flsz(x-1))
          js2=js2+flqksz(x-1，j):
          if(js2==jsl)pd=1;break:end
        end
       if(j ~ =js0)line([linesz(js0),linesz(j)]，[y，y];end
       line([(linesz(js0)+linesz(j))/2
(linesz(js0)+linesz(j))/2],[y，y-Gd);
linesz(i)=(linesz(js0)+linesz(j))/2
jS0=j+1;
end;end
text(21x+m*Kd，y-Gd3，int2str(flsz(x))0;
y=y-Gd;
end
function[R]=F_jir(cs，X)
```

%cs==8，直接欧几里得距离法

%cs==9，直接海明距离法 (绝对值减数法)

%cs==10，直接切比雪夫距离法

```
elseif(cs<=10)
C=0;
for(i=1:n)
for=i+1:n)
d=0;
% 直接欧几里得距离法
if(cs==8)
  for(k=1:m)
    d=d+(X(i, k)-XG, k)^2;
  end
  d=sqrt(d);
% 直接海明距离法
elseif(cs==9)
  for(k=1:m)
    d=d+abs(X(i, k)-XG, k):
end
% 直接切比雪夫距离法
ese
  for(k=1:m)
    if(d<abs(X(i, k)-XG, k)))
      d=abs(X(i, k)-XG, k));
    end
end
end
if(C<d)
  C=d;
end
end
end
C=1/(1+C);
for(i=1:n)
```

```
for(j=1:n)
  d=0;
  % 直接欧几里得距离法
  if(cs==8)
    for(k=1:m)
      d=d+(X(i, k)-XG, k))^2;
    end
    d=sqrt(d);
  % 直接海明距离法
  elseif(cs==9)
    for(k=1:m)
      d=d+abs(X(i, k)-X(j, k));
    end
  % 直接切比雪夫距离法
else
for(k=1;m)
  if(d<abs(X(i, k)-X(j, k))
    d=abs(X(i, k)-X(j, k)):
  end
end
end
R(i, j)=1-C*d;
end
end
% 模糊矩阵的合成运算, 先取大, 后取小
[m, s]=size(A):[s1, n]=size(B);C=1]
if(s1 ～ =s)return;end
for(i=1:m)for(j=1:n)C(i, j)=0;
    for(k=1:s)x=0
      if(A(i, k)<B(k, j))x=A(i, k);
      else x=B(k, j)end
      if(C(i, j)<x)C(i, j)=x;end
    end
  end;end
```

参考文献

[1] 程心俊，张累德，樊自立.塔里木盆地北部平原地区盐渍土的形成条件和类型特征 [J]. 干旱区研究，1984（1）：36-42.

[2] 王祖伟，弋良朋，高文燕，等.碱性土壤盐化过程中阴离子对土壤中镉有效态和植物吸收镉的影响 [J]. 生态学报，2012，32（23）：7512-7518.

[3] 梁凤荣.盐渍土改良与利用技术模式探索 [J]. 农业工程技术，2020，40（5）：47，49.

[4] 田涛，刘云翔，刘朝军，等.盐渍土自动分类方法研究 [J]. 青岛理工大学学报，2011，32（2）：33-39.

[5] 景宇鹏，连海飞，李跃进，等.河套盐碱地不同利用方式土壤盐碱化特征差异分析 [J]. 水土保持学报，2020，34（4）：354-363.

[6] 温利强.我国盐渍土的成因及分布特征 [D]. 合肥：合肥工业大学，2010.

[7] 吴玉梅.盐渍土溶陷性及危害性 [J]. 科技风，2012（1）：24.

[8] 高金花，徐阳，闫雪莲，等.吉林省西部湖泊地带苏打盐渍土溶陷性 [J]. 吉林大学学报（地球科学版），2020，50（4）：1104-1111.

[9] 陈鹏.浸水预溶＋强夯法处理盐渍土地基试验研究 [J]. 山西建筑，2007（30）：138-139.

[10] 郭小文，李伟.新疆阿拉山口地区盐渍土盐胀与溶陷特性研究 [J]. 城市道桥与防洪，2020（5）：239-242，252，28.

[11] 王佳，徐丽.公路翻浆的影响因素及防治方法 [J]. 民营科技，2011（1）：189.

[12] 柴桂林.盐渍土路基冻胀 - 翻浆病害分析及处置技术 [J]. 建筑技术开发，2017，44（7）：149-150.

[13] 韩正卿.盐渍土路基病害分析及处理措施 [J]. 科技资讯，2015，13（11）：51，53.

[14] 于飞.换土垫层法浅析 [J]. 科技创新导报，2011（17）：50.

[15] 赵俊雅，史博研 . 换填法地基处理的设计及施工方法 [J]. 工程技术研究，2020，5（8）：70–71.

[16] 陈家应 . 浅谈用预浸水法处理盐渍土地基及施工技术 [J]. 建筑知识，2016（15）：23.

[17] HISSINK D. There Clamation of the dutch saline soils（solonchak）and their furtherweathering under the humid Climatic conditions of holland[J]. Soil Science，1938（2）：83–94.

[18] PUFFELES M. Effect of saline water on mediterranean loess soils[J]. Soil Science，1939（6）：447–454.

[19] KELLEY W P，BROWN S M，LIEBIG G F. Chemical effects of saline irrigationwater on soils[J]. Soil Science，1940（2）：95–108.

[20] WADLEIGH C H. The integrated soil moisture stress upon a root system in a largecontainer of saline soil[J]. Soil Science，1946（3）：219–238.

[21] VAN DER MOLEN W H. Desalinization of saline soils as a column process[J]. SoilScience，1956（1）：19–28.

[22] KELLEY WP.Use of saline irrigation water[J].Soil Science，1963（6）：385–391.

[23] ABROL I P，BHUMBLA D R. Field studies on salt leaching in a highly saline sodicsoil[J].Soil Science，1973（6）：429–433.

[24] RAVIKOVITCH S，NAVROT J. The effect of manganese and zinc on plants in saline soil[J].Soil Science，1976（1）：25–31.

[25] HONGSUNWOO. Biological improvement of reClaimed tidal land soil（Ⅴ）[J]. The Korean Journal of Microbiology，1970（1）：13–20.

[26] SHARMA D P，KOMAL S. Effect of subsurface drainage system on somephysicochem-ical properties and wheat yield in waterlogged saline soil[J]. Journalof the Indian Society of Soil Science，1998（2）：284–288.

[27] DICKSON D L，R J D. The use of computer–assisted mapping techniques todelineate potential areas of salinity development in soils：Ⅱ [J]. Field verification ofthe threshold model approach Hilgardia，1988，56（2）：18–32.

[28] ZHANG X Q，YU T W，et al. A study of soil dispersivity in Qian'an，western Jilin Province of China[J]. Sciencesin Cold and Arid Regions，2015（5）：579–586.

[29] XIN Z，WANG Q，ZHANG X F，et al. Basic properties of saline soil in Da'an，

western Jilin， China[J]. Sciences in Cold and Arid Regions， 2015（5）： 568–572.

[30] S A L E M Z E， El–Bayumy DA.Hydrogeological， petrophysical and hydrogeochemicalcharacteristics of the groundwater aquifers east of Wadi El–Natrun， Egypt[J]. NriagJournal of Astronomy & Geophysics， 2016, 5（1）； 124–146.

[31] JESUS J， CASTRO F， NIEMELA A， et al. Evaluation of the Impact of Different SoilSalinization Processes on Organic and Mineral Soils[J]. Water Air & Soil Pollution， 2015, 226（4）： 1–12.

[32] CASTANEDA C， GRACIA F J， MEYER， A， et al.Coastal landforms andenvironments in the central sector of Gallocanta saline lake （Iberian Range， Spain）[J].Journal of Maps， 2013, 9（4）： 584–589.

[33] BAO S C， WANG Q， WANG Z J. Prediction of swCC of Saline Soil in Western Jilin Based on Arya–Paris Model[J]. MATEC Web of Conferences， 2016， （67）：35–36.

[34] HERNANDEZ–LOPEZ M F， GIRONAS J， BRAUD I， et al. Assessment of evaporation andwater fluxes in a column of dry saline soil subject to different water table levels[J].Hydrological Processes， 2013, 28（10）： 3655–3669.

[35] GUO K， LIU X J. Dynamics of meltwater quality and quantity during saline icemelting and its effects on the infiltration and desalinization of coastal saline soils.[J].Agricultural Water Management， 2014（10）： 1–6.

[36] 高江平,吴家惠,邓友生,等.硫酸盐渍土膨胀规律的综合影响因素的试验研究[J]. 冰川冻土，1996（2）：170–177.

[37] 牛玺荣，高江平.硫酸盐渍土纯盐胀期盐胀关系式的建立[J].岩土工程学报， 2008（7）：111–114.

[38] 费雪良，李斌、王家澄.不同密度硫酸盐渍土盐胀规律的试验研究[J].冰川冻土， 1994（3）：245–250.

[39] 张莎莎，谢永利，杨晓华，等.典型天然粗粒盐渍土盐胀微观机制分析[J].岩土力学，2010（1）：127–131.

[40] 彭铁华，李斌.硫酸盐渍土在不同降温速率下的盐胀规律[J].冰川冻土,1997(3): 252–257.

[41] 李芳，高江平、王高勇.硫酸盐渍土盐胀与低层建筑[J].西安公路交通大学学报， 1998（2）：25–27.

[42] 杨保存，刘新荣，贺兴宏，等.盐渍土路基盐胀性试验研究[J].地下空间与工程

学报，2009，5（3）：594-603.

[43] 贾磊，侯征，王维早.冻融条件下硫酸盐渍土的膨胀机理及抑制措施 [J].安徽农业科学，2009（7）：3330-3331，3344.

[44] 包卫星，谢永利，杨晓华.天然盐渍土冻融循环时水盐迁移规律及强度变化试验研究 [J].工程地质学报，2006（3）：380-385.

[45] 宋启卓，陈龙珠.人工神经网络在盐渍土盐胀特性研究中的应用 [J].冰川冻土，2006（4）：607-612.

[46] 刘军柱，李志农，刘海洋，等.新疆公路盐渍土路基盐胀力的数值模拟分析 [J].公路交通技术，2008（1）：1-4，8.

[47] 房建宏，徐安花，黄世静.柴达木盆地盐渍土对公路建设的影响 [J].公路交通技术，2004（3）：44-48.

[48] 陈涛，樊恒辉.砂碎石盐渍土渠基的盐分运移试验研究 [J].防渗技术，2000（3）：11-15.

[49] 李玉军.西北地区盐渍土路基的常见病害及防治 [J].甘肃科技，2008（5）：109-110.

[50] 尹光瑞，鲁志方.强夯法在老盐渍土路基处治中的应用研究 [J].公路交通科技（应用技术版），2009，5（2）：89-91.

[51] 薛明，钟洲，郭建辉.盐渍土地区公路边坡防护处治技术 [J].公路交通科技（应用技术版），2007（9）：20-23.

[52] 胡树林，李冬泉，温军祥.吐哈油田鄯善矿区盐渍土地基勘察 [J].油田地面工程，1997（6）：70-73，76.

[53] 王连成，范恩让.塔里木盆地大型油罐建设中的岩土工程问题 [J].油气储运，1996（3）：31-34，6.

[54] 董金梅，柴寿喜，王沛，等.聚苯乙烯轻质混合土渗透特性的试验研究 [J].南京工业大学学报（自然科学版），2006（3）：11-14.

[55] 程安林.浅谈盐渍土地区电气接地的设计和施工 [J].电工技术，1999（3）：3-5.

[56] 潘登耀，陈永利.新疆地区双掺高性能混凝土对盐渍土的抗侵蚀性研究 [J].粉煤灰，2007（6）：18-19.

[57] 薛明，陈南，何鹏，等.盐渍土地区水泥混凝土抗硫酸盐腐蚀特性的研究 [J].公路交通科技（应用技术版），2008（9）：28-30.

[58] 杨高中，王奇文.氯盐腐蚀环境下混凝土结构耐久性的思考 [J].福建建筑，2007

（12）：41-42.

[59] 伍远辉，孙成，张淑泉，等 . 湿度对 X70 管线钢在青海盐湖盐渍土壤中腐蚀行为的影响 [J]. 腐蚀科学与防护技术，2005（2）：87-90.

[60] 房建宏，徐安花，黄世静 . 柴达木盆地盐渍土对公路建设的影响 [J]. 公路交通技术，2004（3）：44-48.

[61] 薛明，朱玮玮，房建宏 . 盐渍土地区公路桥涵及构筑物腐蚀机理探究 [J]. 公路交通科技（应用技术版），2008（9）：24-27，30.

[62] 赵天虎 . 盐渍土对钢筋混凝土电杆的浸蚀 [J]. 油田地面工程，1997（2）：38.

[63] 张平川，董兆祥 . 敦煌民用机场地基的破坏机制与治理对策 [J]. 水文地质工程地质，2003（3）：78-80.

[64] 王广建 . 塔里木油田沙漠公路设计及防护治理 [J]. 石油规划设计，2013，24（5）：41-43.

[65] 庞巍，叶朝良，杨广庆，等 . 电石灰改良滨海地区盐渍土路基可行性研究 [J]. 岩土力学，2009，30（4）：1068-1072.

[66] 许君臣，刘全忠，万立平 . 盐渍土泥沼地带路基的治理方法 [J]. 吉林建筑工程学院学报，2007（3）：25-28.

[67] 钟毅 . 土工布荆笆联合作用在软、盐渍土路基处理中的应用 [J]. 北方交通，2008（1）：51-53.

[68] 柴寿喜，王晓燕，魏丽，等 . 五种固化滨海盐渍土强度与工程适用性评价 [J]. 辽宁工程技术大学学报（自然科学版），2009，28（1）：59-62.

[69] 杨建永，杨军，陈耀光，等 . 高原盐渍土地基强夯处理方法 [J]. 辽宁工程技术大学学报（自然科学版），2008（2）：224-226.

[70] 黄晓波，周立新，何淑军，等 . 浸水预溶强夯法处理盐渍土地基试验研究 [J]. 岩土力学，2006（11）：2080-2084.

[71] 周永祥，杨文言，阎培渝 . 不同类型盐渍土固化体的微观形貌 [J]. 电子显微学报，2006（S1）：371-372.

[72] 王春雷，姜崇喜，谢强，等 . 析晶过程中盐渍土的微观结构变化 [J]. 西南交通大学学报，2007（1）：66-69.

[73] 李芳，李斌，陈建 . 中国公路盐渍土的分区方案 [J]. 长安大学学报（自然科学版），2006（6）：12-14，89.

[74] 孙金海 . 黄土类盐渍土的物理力学试验与分析 [J]. 电力勘测，1994（2）：10-14.

[75] 张俊，薛明.基于盐渍土环境的沥青抗剪强度试验分析 [J].公路工程，2007（6）：61-64，126.

[76] 杨晓松，党进谦，王利莉.饱和氯盐渍土抗剪强度特性的试验研究 [J].工程勘察，2008（11）：6-9.

[77] 陈炜韬，王鹰，王明年，等.冻融循环对盐渍土黏聚力影响的试验研究 [J].岩土力学，2007（11）：2343-2347.

[78] 陈彪来.甘肃省盐渍土分类与公路工程特性分区评价 [J].甘肃农业大学学报，2006（5）：110-113.

[79] 吕晋志.吉林省盐渍土的危害、成因及改良方法 [J].吉林农业，2016（10）：97.

[80] 张晓宇.喀什至和田铁路盐渍土主要类型及成因研究 [J].铁道勘察，2008，34（6）：80-83.

[81] 刘宏伟，许静波，胡云壮，等.潍北平原土壤盐渍化特征及其影响因素 [J].中国农村水利水电，2018（12）：20-24.

[82] 张蕾娜，冯永军，张红.滨海盐渍土水盐运移影响因素研究 [J].山东农业大学学报（自然科学版），2001（1）：55-58.

[83] 张立新，韩文玉，顾同欣.冻融过程对景电灌区草窝滩盆地土壤水盐动态的影响 [J].冰川冻土，2003（3）：297-302.

[84] 杨鹏年，周金龙，崔新跃.内陆干旱区竖井灌排下土壤盐分的运移特征——以哈密盆地为例 [J].水土保持研究，2008（2）：148-150.

[85] 戴安立.简析混凝土组成、分类与发展 [J].建材与装饰，2019（33）：55-56.

[86] 王本臻.非饱和混凝土氯离子传输研究 [D].青岛：青岛理工大学，2013.

[87] 王军阵，郭琛，孟羽韦.浅析钢筋锈蚀机理及主要影响因素 [J].中国住宅设施，2017（2）：98-99，101.

[88] 姬永生，袁迎曙.干湿循环作用下氯离子在混凝土中的侵蚀过程分析 [J].工业建筑，2006，36（12）：16-19.

[89] 易伟建，赵新.持续荷载作用下钢筋锈蚀对混凝土梁工作性能的影响贝土木工程学报，2006，39（1）：7-12.

[90] 范进，董福兴.疲劳荷载下钢筋锈蚀混凝土构件黏结性能试验研究 [J].南京理工大学学报（自然科学版），2009，33（6）：734-738.

[91] 吴瑾，吴胜兴.海洋环境下混凝土中钢筋表面氯离子浓度的随机模型 [J].河海大学学报（自然科学版），2004（1）：38-41.

[92] 史长莹，焦峰华，王丽娟．混凝土结构耐久性模糊综合评估系统中指标权值计算模型贝西安建筑科技大学学报（自然科学版），2006，38（1）：105-108.

[93] 余红发，孙伟，麻海燕，等．盐湖地区钢筋混凝土结构使用寿命的预测模型及其应用[J]．东南大学学报（自然科学版），2002（4）：638-642.

[94] 韩茜．新疆奇台县绿洲土壤特性空间变异及盐渍化逆向演替研究[D]．乌鲁木齐：新疆大学，2008.

[95] 王月礼．灰土改良黄土状硫酸盐渍土强度特性的研究[D]．兰州：兰州理工大学，2014.

[96] 赵羽，孙茂前，叶长峰．新疆某电厂特殊性土工程性质研究[J]．电力勘测设计，2011（3）：8-10，14.

[97] 汪卫国．甘肃河西走廊盐渍化土地治理技术研究[D]．杨凌：西北农林科技大学，2007.

[98] 范恩让，张炜，李凯，等．黄土状盐渍土的工程特点及地基处理方法[J]．岩土工程技术，2001（1）：27-30.

[99] 王智明．青海省西宁地区盐渍土的特征及其对建筑物的危害[J]．军工勘察，1996（1）：29-32.

[100] 张文，罗艳珍，刘昕，等．青海盐湖地区盐渍土路基土级配及其阻盐效果[J]．西南交通大学学报，2020，55（6）：1-9.

[101] 王珑霖，张文，李斌，等．盐渍土腐蚀钢筋混凝土研究现状及展望[J]．科学技术与工程，2020，20（3）：883-891.

[102] 杨晓旭，张文，赵媛，等．盐渍环境微生物矿化碳酸钙技术可行性研究[J]．黑龙江畜牧兽医，2020，601（13）：26-31.

[103] 胡坪伸，张文，张卫红，等．西宁地区地质雷达探测地下管线实验研究[J]．青海大学学报，2020，38（2）：87-95.

[104] 张文，王新红．岩土地基与工程地质分析[M]．哈尔滨：哈尔滨工业出版社，2019.

[105] 任秀玲，张文，刘昕，等．西北地区盐渍土盐胀特性研究进展与思考[J]．土壤通报，2016，47（1）：0246-0252.

[106] 任秀玲，张文，刘昕，等．青海西宁盆地盐渍土盐分空间动态分布特征分析[J]．青海大学学报（自然科学版），2016（3）：10-17.

[107] 杨述亮，张文，温昱，等．西宁盆地细粒盐渍土地基盐胀特性与侧限力学特性

研究 [J]. 青海大学学报，2017，35（6）：61-68.

[108] 魏凯，张文，刘昕，等. 青海东部盐渍土颗粒级配对毛细水上升影响的研究 [J]. 青海大学学报，2016，34（3）：1-8.

[109] 温昱，张文，罗艳珍. 盐渍土区路基土层级配特征及阻盐效应分析 [J]. 青海大学学报，2018，36（4）：17-23.

[110] 张海元，温昱，刘昕，等. 甘肃陇西地区饱和黄土状土工程地质特性 [J]. 青海大学学报，2016，34（6）：31-37.

[111] 张文，张彬，慎乃齐. 盐渍土岩土工程特性研究现状与进展 [J]. 勘察科学技术，2008（3）：7-11.

[112] 张文，吴永钧，张卫红. 寒旱区盐渍土工程特性研究及展望 [J]. 青海师范大学学报（自然科学版），2008（2）：84-88.

[113] 张文，吴永钧，张卫红. 基于水平层单元体及土拱效应模型土压力计算研究 [J]. 青海大学学报（自然科学版），2008（5）：19-23.

[114] 张文，张卫红. 青藏高原盐渍土的含盐特征及分布规律研究 [J]. 岩土工程界，2004（10）：74-76.